門裏家風

张新强 主编

巴蜀书社

图书在版编目（CIP）数据

门里家风 / 张新强主编 . —成都：巴蜀书社，2018.12

ISBN 978-7-5531-1089-9

Ⅰ.①门… Ⅱ.①张… Ⅲ.①家庭道德—中国 Ⅳ.①B823.1

中国版本图书馆 CIP 数据核字（2018）第 291574 号

门里家风

张新强 主编

策划编辑	肖　静
责任编辑	肖　静
出　　版	巴蜀书社
	成都市槐树街 2 号　邮编　610031
	总编室电话：（028）86259397
网　　址	www.bsbook.com
发　　行	巴蜀书社
	发行科电话：（028）86259422　86259423
经　　销	新华书店
照　　排	成都勤慧彩色制版印务有限公司
印　　刷	成都蜀通印务有限责任公司
版　　次	2018 年 12 月第 1 版
印　　次	2018 年 12 月第 1 次印刷
成品尺寸	230mm×170mm
印　　张	14
字　　数	280 千
书　　号	ISBN 978-7-5531-1089-9
定　　价	65.00 元

本书如有印装质量问题，请与工厂调换

序

张 践[*]

中华优秀传统文化是中华民族的根脉,儒学则是传统文化的主要组成部分。儒学的根在哪里呢?就在中华民族历代传承不绝的血缘中,联系着所有血缘亲属的"家",则是这一优秀传统文化的重要承载者。《大学》说:"古之欲明明德于天下者,先治其国;欲治其国者,先齐其家;欲齐其家者,先修其身;欲修其身者,先正其心。"可见"家"在人的内在道德修养和外在事业之间是一个重要的环节和枢纽。一个人若想取得事业上的成就,首先必须管好自己的家,因此有"家和万事兴""夫妻和睦""妻贤夫祸少""父慈子孝顺"等俗语。

一个家庭是否和谐、和睦,关键又在于这个家庭是否有一个好的家风。中华民族自古重视家风、家道建设。传说西周时期的周文王的祖母

---

[*] 作者简介:张践,中国人民大学教授,山东尼山圣源书院院长,国际儒学联合会教育传播普及委员会主任。

□ 门里家风

太姜、母亲太妊、妻子太姒就是三位非常贤德的妇女，由于有了他们的辅佐、教育，才有了周朝八百年的江山，成为齐家治国平天下的生动例证。《三字经》记载的"昔孟母，择邻处，子不学，断机杼"，说的就是古代圣贤孟轲的故事。孟子自幼丧父，但能够成为孔子学说的继承人、儒家的"亚圣"，就是由于他的母亲非常重视子女的教育问题。宋代伟大的民族英雄岳飞之所以能够在国家危亡的时候，不顾个人的安危奋勇杀敌，而且在受到奸臣迫害的时候仍然能够忠诚于国家，正是由于他的母亲在他的背上刺了四个大字——精忠报国。可见良好的家风家道对于孩子是最重要的人生第一课，只有上好了这一课，孩子长大了才能够成为家庭的支柱，社会的栋梁。历代贤人君子编写了《颜氏家训》《朱伯庐治家格言》《曾国藩家书》等等大量进行家风家道教育的重要著作，成为中华民族宝贵的文化遗产。历史上多少帝王将相二世而亡，多少豪富权贵富不过三代，究其原因，多是娇生惯养，放纵恣肆，养了一群败家子；而真正的名门望族，无不重视家风家道建设，古来留下了"忠厚传家久，诗书济世长""耕读传家""积善之家，必有余庆；积不善之家，必有余殃。"等等治家格言。

习近平总书记在2015年春节团拜会上的讲话中指出，"中华民族自古以来就重视家庭、重视亲情。家和万事兴、天伦之乐、尊老爱幼、贤妻良母、相夫教子、勤俭持家等，都体现了中国人的这种观念"。不仅古代是这样，就是在现代化的今天，只要人类仍然以家庭的形式进行种族繁衍，情况依然如此。习主席又说：

家庭是社会的基本细胞，是人生的第一所学校。不论时代发生多大变化，不论生活格局发生多大变化，我们都要重视家庭建设，注重家庭、注重家教、注重家风，紧密结合培育和弘扬社会主义核心价值观，发扬光大中华民族传统家庭美德，促进家庭和睦，促进亲人相亲相爱，促进下一代健康成长，促进老年人老有所养，使千千万万个家庭成为国家发展、民族进步、社会和谐的重要基点。

习主席的重要讲话，充分说明了在当代社会进行家风家道建设对于社会稳定、生产发展、邻里和谐、子女教育、老有所养的重要性。

阆中地处四川东北部，山川形胜，钟灵毓秀，文风鼎盛，人才辈出。"阆"字分别由"门"字和"良"字构成，门有家门、城门、国门之意；良指良知、良心、良风美俗。意指家门连着国门，需要良知、良心和良风美俗护养。阆中人民自古重视家风家道建设，留下了大量父慈子孝、夫妻和睦、勤勉持家、保家卫国的美德故事。传说人文初祖伏羲孕育于此，创造了八卦符号，成为中华民族最早的文化基因。天文学家落下闳、李淳风、袁天罡孜孜不倦地探索和研究，先后发明或改进了日晷、月晷、太初历、浑天仪等。他们既为人类总结发明了天文大数据，也书写了光耀千秋、福荫子孙的中国精神。隋唐实行科举制度以来，阆中培养出了4名状元，116名进士，401名举人，可谓是魁星高照，人才济济。阆中的陈氏家族、李氏家族、蒋氏家族、蒲氏家族等等，世代诗书传家、人才辈出，成为当地的名门望族。

阆中古城是一座文化名城，中华优秀传统文化是其精神。阆中三才书院是古城中一个重要的文化传播基地。《三字经》说："三才者，天地

□门里家风

人。"人生天地间,得日月之精华,承大地之滋润,故为万物之灵长。不过人必须正心诚意,方能够知其性而知人之性,知物之性,参赞天地之化育,"与天地叁矣",成为与天、地对应的一极。三才书院秉承"为天地立心,为生民立命,为往圣继绝学,为万世开太平"的宗旨,一直是古城中传播传统文化的楷模。多年以来,书院在山长的带领下,以阆中风水馆为依托,向社会推介伏羲周易、落下闳的天文学、唐代的《群书治要》,已经取得了很大的成绩。书院为了贯彻习主席关于弘扬家风家道,加强现代家庭建设的指示,编辑了《门里家风》一书,以介绍阆中地区的古代家道良风美俗为主,辅之以儒学家庭理论研究和古代其他地区家风家道先贤事迹,目的是将优秀传统文化传承下去,拯救当前困扰于家庭伦理困局中的芸芸众生。

《易》曰:"正家而天下定矣。"门里的良好家风是文明乡风和淳朴民风的根基,也是我们中华民族长盛不衰的密码,治国要从治家开始,要做大事业,首先家道、家风要正。

笔者曾于2016年到阆中古城考察,对三才书院有一些肤浅的了解。书院山长信任笔者,请为其书作序。笔者并非研究家庭伦理问题的专家,但是在初读书稿之后,深感本书理论正确、深入浅出、联系生活,很接地气,应当能够对优秀传统文化的传播普及产生巨大作用。作为国际儒学联合会教育传播普及委员会主任,笔者愿意向读者推荐此书,让我们来感受文化自信的力量,去探寻家国兴盛的秘方。

目　录

门里家风·上篇

003　虚怀若谷为无为 / 张丕白
010　门里家风　三才同辉 / 税　勇
015　门与家 / 戴仕强
020　陈氏家教家风造就巍科重臣 / 袁　勇
027　《易经·家人》的家道文化解 / 朱启经
034　重谈"养不教，父之过" / 郑　华
044　诗书相传的蒲家大院 / 蒲仕川
049　让家风与国风共振 / 廖茂林
054　老樊油茶 / 东　方
058　家教家风与阆苑书香门第 / 刘先澄

门里家风·中篇

073　论道德沦丧与道德重塑 / 邱述学
081　良门家风之中国精神 / 杨　虎

089	门里家道古阆风	/ 李文明
097	与时偕行追寻祖先的智慧	/ 同　人
100	植物放生与家风建设	/ 王朝治
108	浅谈家风	/ 善　元
112	这是绿叶对根的敬意	/ 墨　骥
115	我也谈谈"孝"	/ 王建新
120	崇文尚武的"开口董氏"	/ 董永强
125	清白孝悌家风，成就千年望族	/ 乔俊文

门里家风·下篇

133	家训家风，家族昌盛的基因密码	/ 任宝菊
142	书香传家好家风	/ 景　湘
147	家国安宁见太平	/ 陈　的
158	尽忠报国	/ 姬乃军
166	罗盘上的"家"与"冢"	/ 靳伦新
170	天下兴亡　我的责任	/ 高震东
179	家风看"三早"	/ 瑶　琴
183	山长：一脉相承一千二百五十年	/ 侯开良
187	《庭帏杂录》与李氏家风	/ 陈延斌
193	阆中鲜氏家训	/ 李文福
200	一部家训育十代廉官	/ 任文禄
205	天地之门　仙道阆中	/ 冯　时

门里家风

上篇

虚怀若谷为无为

张丕白

在动荡不安之20世纪的中国，家父因机缘变化，从内陆四川辗转跨海移居台湾长达七十余年。漫漫岁月，他的外貌虽然不断地改变，但他心中永远惦记着"蜀江水碧蜀山青"，口中永远说着一口浓郁的乡音。他用浓得化不开的乡音，缓和地说出四书五经与唐诗宋词的故乡传统，蕴育成我们的家风与家训。家人虽然生长在台湾，却在他浓浓乡音的训诲中，突破时空的隔离，跨越海峡与崇山峻岭，传承四川古城几千年的余韵。多年之后，

□ 门里家风

我才领悟到家父要我们兄妹于小学背诵唐诗，尤其要熟背白居易所写的《长恨歌》，原来重点在于"蜀江水碧蜀山青，圣主朝朝暮暮情"。但他没有直接说出口，而是要我们用心体会，当我们回到四川阆中古城，见到嘉陵江与沿岸的山壁与古城后，终于深深体会到"蜀江水碧蜀山青"的朝朝暮暮情，从而领悟到家父的用心良苦。

回顾他一生最深厚的家训就是"无为"，旁人乍看之下以为什么都不做，似乎太消极，也太懒惰了。其实他的无为并不是懒散地躺着什么事情都不做，而是希望我们做事要有选择性，是有所不为。因此家父时常告诫三位子女："当别人称赞你'能者多劳'的时候，不要太高兴，外人说这句话，通常是别有用心，鼓励你再帮他多做一些事情。所以'能者多劳'这句话是哄人的用语。"他用这段话期盼子女要做有意义的事，不要被一些庸庸碌碌的杂事所羁绊，隐晦地表现出他疼爱子女的想法。

身为长子的我,体认出无为的真正精神是符合儒家爱要分等级的原则,凡事量力而为,不要把自己想得太伟大,人贵自知,要懂得谦虚,如同家父的字号"若谷"。职是之故,他把位于台东的居家命名为"涵虚小筑",并把这四个字刻成大石碑放在门口,细究其中意涵,把"若谷"与"涵虚"合并,即是家父身体力行之"虚怀若谷"的家风。这是他吸收中国先秦诸子百家的思想,消化后倾向道家,并与支持正统儒家思想的中国道统蔚然形成的家风。

四川是个封闭的大盆地,自古以来就有"蜀道难"的说法,形成类似陶渊明描述的桃花源之地理环境,因而被称为"天府之国",从而孕育家父非常仰慕的陶渊明的风范与思想,而大力反对南宋朱熹改编的儒家思想。这些交错的中国古典思维,连带影响他的画风、家风,例如他题字喜欢用古谚,曾把"笼鸡有食汤锅近,野鹤无粮天地宽"这段文字缩写成"野鹤无粮天地宽",旁边再画上一只展翅翱翔的千羽鹤。此外,

□ 门里家风

他还喜好唐朝大诗人张志和的文风与为人,怀有看破红尘浪迹江湖的胸襟,因而用毛笔书写《渔歌子》数十回:"西塞山前白鹭飞,桃花流水鳜鱼肥。青箬笠,绿蓑衣,斜风细雨不须归。"表达出家父仰慕古代文人隐逸的风范,更希望我辈能吸取前人的优点,并使之融入生活中。

待人接物方面,家父沿袭中国古人强调回馈的观念,例如春秋时期儒家的《论语·颜渊篇》:"己所不欲,勿施于人;非礼勿视,非礼勿听,非礼勿言,非礼勿动。"及《论语·里仁篇》:"见贤思齐焉,见不贤而内自省也。"这些古训都是回馈的观念和做法,也是他待人的风格。不仅如此,他还认养了许多动、植物,这也是回馈的一种做法,诚如孟子所言:"君子之于物也,爱之而弗仁;于民也,仁之而弗亲。亲亲而仁民,仁民而爱物。"许多学生或家长送他宠物,他都来者不拒,因此养过狗、猫、画眉鸟、金丝雀、鹦鹉、八哥、鸽子、孔雀、鱼、乌龟等,真正做到了"仁民而爱物"。

他豢养动物是让它们自由自在地遨游或漫步在广大的庭院或水池中，不施加制约性的训练，有次我问家父："您都没有训练东东（家里养的狗），它什么都不会。"家父淡然回应："如果你真的爱它，就给它好东西吃，给它多点空间，让它悠哉地到处逛逛，不要限制它太多。"真是符合自然的精神。见微知著，家父对子女也采取自由发挥天赋的态度，不强求我们要去当医师、律师、会计师等高薪行业，而是随个人兴趣与能力选择大学科系就读，符合未来主义的教育哲学观念：教育是创造更美好的未来。结果三个儿女所学南辕北辙，横跨文学、理工与艺术，成长后各自在科技、教育与发明界都有良好的表现。

为人处事方面，家父强调待之以"礼"。礼是中国从西周开始强调的人文特色，至东周孔子集其大成。所以家父要我们从小常说谢谢，向他人表示礼节。此外，他把礼融入水墨艺术的创作元素，例如在画纸上常常画上两三只螃蟹，取其"蟹"的谐音，落款谢谢两字，传达他内心

□ 门里家风

的感恩。这一系列螃蟹的水墨画作受到众人的长期喜爱,不但推广了中国传统水墨艺术,也发扬中国的传统美德,而因这种与世无争,有礼又豁达的胸襟,由内而外践履笃行,家父得享高寿。

对现代层出不穷的新科技,家父选择学习并接受它。从小学他就购买许多有关科学家及科学的书给我们阅读,例如诺贝尔、爱因斯坦、居里夫人的传记;物理、化学、生物的书,还添购实验器材,如显微镜与望远镜。在这些五花八门的教学媒体中,恐龙最让我们着迷,为了提高我们的学习兴趣,他还抽空带我们去看恐龙的电影,可能因为这些因素,影响舍弟去学习地质科学,孜孜不倦地研究古生物与地层、板块运动,进而成为国际知名的地质学家。家父亦自我实践去执行,他年过九十时,还要我带他去买平板电脑与DV,直到辞世前,他还手握那台平板电脑在研究。由于他的身教,子女都有良好的科技能力,例如他热爱音响,特地要我替他购买一部美国制作的真空管扩大机,并要我组装整

个系统，一窥世界顶级音响器材的全貌，启迪我研究音响器材的电路结构。他持续保持一颗好奇、学习的心，让我奠定了深厚的音响基础，个人设计的音响器材，幸运地于去年（2017年）登上日本高端音响杂志《Analog》冬季号的封面，成为音响产业的中国之光。

往事如絮，历历在目，如今家父虽已仙逝，但他的精神与我们常相左右，每当家人追忆起他昔时的点点滴滴，或是观赏他的画作与书法，大家的感受诚如文天祥写的《正气歌》最后四句："哲人日已远，典刑在夙昔；风檐展书读，古道照颜色。"大陆渡水到台的一代水墨宗师虽然走了，但中国的人文艺术势将继续发光发热。

□门里家风

门里家风　三才同辉

税　勇

戊戌初夏，著名学者，资深《易》学大师，阆中市三才书院山长同人高士，风尘前来成都市中华易馆，亲授三才书院荣誉山长聘书于我，并希望我写一篇《门里家风》感言。

我系易学世家宋代巴郡税与权（撰《易学启蒙小传》）税氏周易第二十七代传承人。承祖训，遵圣道，禀典章而不易，识"三玄"必求真。门里家风，四字索源寻根，为天地立心，为生民立命，为往圣继绝学，为万世开太平。日思夜想体悟，自古康熙皇帝家训规矩最多。康熙8岁登基，14岁亲政，在位61年。从少年时代的意气风发到暮年的老当益壮，从经济方面的扶手农桑到政治上的雄才大略，康熙囚禁鳌拜、平定三藩、剪除乱党，使清王朝达到了入关以来空前的鼎盛和繁荣。

康熙一生兢兢业业，不仅在政治上有所作为，同时修身、齐家、平天下都十分认真，可谓耗尽心血和精力。康熙平时在宫中经常给皇子皇孙以教诲。雍正即位后对康熙的家训加以追述，并整理汇编成《庭训格言》，共二百四十六则。其中许多家训，不管是对教育子女还是提升自我修养，今天依然不会过时，都能从中得到许多有益的教诲。凡人处世唯当常寻欢喜，欢喜处自有一番吉祥景象。喜则动善念，怒则动恶念。是故古语云：

> 人生一善念，善虽未为而吉神已随之；人生一恶念，恶虽未为而凶神已随之。
> 人有善念，天必佑之，福禄随之，众神卫之，众邪远之，众人成之。

人活在世上，应当追求内心的喜悦安详，而达到这种美好境界的最好方法莫过于怀善念、行善事。人有了善念，身心都会轻快欢喜，得到吉神护佑。所谓：吉人自有天相！慎独是为圣第一要节。《大学》《中庸》俱以慎独为训，是为圣第一要节。后人广其说，曰："不欺暗室。"所谓暗室有二义焉：一在私居独处之时，一在心曲隐微之地。夫私居独处，则人不及见；心曲隐微，则人不及知。《大学》《中庸》都把一人独处时能谨慎不苟作为训诫，这是古代圣贤视为第一重要的要节。

何谓"慎独"？

宋代学人陆九渊说"慎独即不自欺"；宋人袁采说，慎独即"处世当无愧于心"。"正其心"是慎独，"诚其意"是慎独，表里如一，毋自

□ 门里家风

欺也，是慎独。不管忙与不忙、闲与不闲，每个人的每一天都要面对独处。慎独，在别人看不到的时候，能慎重行事，不自我麻痹欺瞒；在别人不能听到的时候，能保持清醒，不随口妄言。大凡能自任过者，大人居多也，凡人孰能无过？但人有过，多不自任为过。于闲言中偶有遗忘而误怪他人者，必自任其过，而曰："此朕之误也。"唯其如此，使令人等竟至为所感动而自觉不安者有之。大凡能自任过者，大人居多也。康熙不以是"言出九鼎"的一国之君而勇于向臣下认错，其磊落的胸襟与领袖的风度值得学习借鉴。

康熙作为一个封建君王，他不仅这样做了，并以此告诫儿孙后人，这正是他的过人之处。作为人，谁能不犯错误？只是人们有了过失，犯了错误，大多自己不愿承担或承认自己所犯错误。心欲小而胆欲大，凡人于无事之时，常如有事而防范其未然，则自然事不生。若有事之时，却如无事，以定其虑，则其事亦自然消失矣。古人云："心欲小而胆欲大。"遇事当如此处也。老子云："其未兆易谋。"北宋苏辙说："无事则深忧，有事则不惧。"意即是古人说的"心中越谨慎小心越好，在行事风格上则又要泼辣大胆、雷厉风行。"自古以来的大人物，都是这样的先见和大气之人，所以越是遇到惊天动地的大事，越能心静如水、沉着应对。

节饮食，慎起居

节饮食，慎起居，实却病之良方也。

康熙还说，要"起居有常"，不可"贪睡""贪食"，更不可"沉湎于酒席中"。唯"起居时，饮食节，寒暑适，则身利而寿命益"。康熙想告诫子孙们自律的重要性。康熙制定时间表，按时完成；设立制度，严格要求。这位皇帝早就意识到并完美践行了自律对一个人的重要性。

审之又审，方无遗虑

凡人于事务之来，无论大小，必审之又审，方无遗虑。

《管子》中说："其所谨者小，则其所立亦小；其所谨者大，则其所立亦大。"谨慎是成大事之人不可缺少的素质。诸葛一生唯谨慎，曾国藩以其为人生楷模，以"慎"字撑起了人生之舵，谨言慎行、谨始慎终，才让他能够从各种危机中从容度过，成为一代圣贤。一个人如果能做到"敬以存心"，身心都会湛然澄澈。朕从不敢轻量人，谓其无知。凡人各有识见。常与诸大臣言，但有所知、所见，即以奏闻，言合乎理，朕即嘉纳。俗话说，兼听则明，偏听则暗。在康熙之前，就有唐太宗说过："以铜为镜，可正衣冠，以史为镜，可知兴衰，以人为镜，可知得失。"

有了唐太宗与魏征的故事，康熙时期更是注重朝廷群臣说的谏言。每个人的认知都有局限，每个人也都有自己独特的经验、观察和见识。聆听别人的建议是完善自我、事业进阶的必由之路。

□ 门里家风

圣人以劳为福，以逸为祸

"世人皆好逸而恶劳，朕心则谓人恒劳而知逸。若安于逸则不惟不知逸，而遇劳即不能堪矣。"孟子曰："生于忧患，死于安乐。"忧劳可以兴国，逸豫可以亡身。世界上大多数人都在追求安乐，却不知安乐只能让我们退化。"天行健，君子以自强不息。"吃苦是福，之所以觉得苦是心志还未磨炼成，修为还未修炼就。而吃苦，正是磨炼和修炼的最好方式。

康熙皇帝的家训，从他之后即位的雍正、乾隆等有作为的皇帝身上，或许也能窥见其家教思想的影响。

"家训"如今我们已经听得很少了，但在古代，凡是有名望的大家族都很在乎这祖祖辈辈传下来的"规矩"。这些"规矩"影响着一个家族的世世代代，对他们的一生都有着至关重要的作用。

门 与 家

戴仕强

有门即有门里门外，门里门外各有不同，古人讲究外圆内方，即是说内部要有严格的纪律，形成规范的内部，对外要和谐宽容，讲究圆通。这是行道不断扩大格局，可以长久致远的方法。懂局就是要必须知道门里门外各有不同，其做法也不相同。要懂局就必须格物致知，致知格物，区分门里门外。

关于门里门外的问题，所处位置不同，或者心量考虑不同，其格局大小依旧会不一样的。这就有一个从内到外延续的过程问题。正确的过程应该是：起心动念善，身心健康；勤劳服务自我，服务他人，家庭和谐；服务社会，社会组织和谐；服务国家，国家兴旺；服务民族，民族兴旺；服务世界，世界繁荣；和谐宇宙，不断延伸，大同世界。

当然，我们也需要有人提出来，双向开始延伸，形成合力。面向全体提出要求；而每一个人从自我内心世界做起，终有一天，当每一个人都这样做成的时候，世界自然就大同幸福了。不理解不做的先会害自

□ 门里家风

己,然后会害别人。先践行者自然得益。

阆中的阆字也有一个门,这个门可以说是天地之门,因为里面是一个良字,从内往外读为良门,而从外往内读为门良。在《说文解字》中阆字为门高也,有说因山得名,也有说因水得名。但都指四川阆中渝水段一个县级市的地名。这个地名已延续两千多年历史没有变。如果再往前追述,应该天地形成之时这个地方就有了。

从具体地形看,阆中古城三面是水,一面是山,构成一个半岛式环卫格局,嘉陵江自然成了古城的护城江,算是一道门,可以易守难攻。再往外延伸一圈,则四面是山,而且山的高低变化有情,错落有致,藏风聚气,完全符合风水学原理,形成第二道门,成为古城阆中小盆地温湿气候的保护屏障,所以生气旺盛。数千年来,不管是瘟疫或战争都很少涉及。这里儒释道俱兴,始终是和谐社会大家庭。

以阆苑古城风水为核心辐射的阆中风水辖区所形成的格局理论一直影响着人们的思维模式,并影响着数千年阆中人的生活。

门里门外,虽然里外一分为二,但是又合二为一。格局不同,处理方法不同。首先自强不息,其次要厚德载物。这里根据格局思维模式出现了伏羲一画开天地,天清地浊,清气上升,浊气下降。再出现了落下闳观天象,把一年格式化制定《太初历》,方便百姓生活。当然后有众多相关著作发扬光大。袁天罡、李淳风晚年归宿于此。唐宋兄弟四状元生于此,进士数百人。中国革命战争时期先烈数万,将领数十。这些成果都是这一格局的内外相通形成的。至今,在古城条条街道可以远望山,城中看山,风景独特,心旷神怡。到山中看城,城被青山护卫,错落有致,内外相通而又各有不同,风水齐备,青龙白虎朱雀玄武,与天地合一。阆中形成了独特的风水大家庭。这个大家庭历久弥新，还将以风水和谐原理影响着民族文化复兴，走向世界，实现世界大同。

依此原理，我们看看格局风火家人卦的描述。卦辞：鸟入笼中难出头，占着此卦不自由。谋望求财不定准，疾病忧犯口舌愁。《周易》卦爻辞：家人，利女贞。初九，闲有家，悔亡。六二，无攸遂，在中馈，贞吉。九三，家人嗃嗃，悔厉，吉；妇子嘻嘻，终吝。六四，家富，大吉。九五，王假有家，勿恤，吉。上九，有孚威如，终吉。

从卦形看，风火即长女和二女，长女在外，二女在内，即使女儿再多也是在家中主持内务的，所以叫家人卦。卦辞说，鸟如笼中难出头，占着此卦不自由。谋望求财不定准，疾病忧犯口舌愁。女人主内，会受到外界约束，因此不自由，要自我约束。孔子说唯女子与小人难养也，是指女子与小人重在教化，受到约束。为什么会是这样呢？我们来看看爻辞吧。家人卦，有利于女人坚持勤劳守家。初九：女人在家里注意防闲，悔恨没有。意思说不能清闲下来，绣花织布，洒扫庭除都是应该的。六二，这样一来，没有大的成就，却一切顺利，在家中的结果是，坚持则吉利。九三，女人多，在家后悔，清闲下来，要严厉地坚持不清闲就吉利。如果妇女孩子整天嘻嘻哈哈，最终是会舍不得劳动而变凶的。六四，因为劳动，家庭幸福，大吉。九五，王（家庭主人）扩大了有家的意义，即是与社会取得广泛的联系，由小家到大家，治国平天下不惜花费，是吉利的。上九，有信用，有威严，最后也是吉利的。

这里就需要强调王也即君子，言有物而行有恒。女主内，男主外，小人主内，君子主外，内外有别，大家共同劳动，勤劳致富。自强不息，厚德载物。家人卦讲的道理就是家人要各自归位，在其位，谋其

□门里家风

政，有所约束，共谋发展。安内才能安外，层层推进，和谐大同。所以家庭女人要服从家庭主人的，有所约束，诚信勤劳。社会小人服从管理，勤劳致富。否则，遭殃。国民党蒋介石曾提出，攘外必先安内，其内不安，自己都被西安事变兵谏，显然是不懂易学家人卦含义的。而在我们中华民族文化复兴、民族复兴的今天，更需要全民懂得，全民勤劳，有所约束，团结一心，才能复兴中华民族。这个道理一样可以推而广之，君王可以怎样治理世界，还可以理解中西方文化怎样交融，建立和谐世界，统一宇宙。

门里家风其实就是两词同位，强调的是家。门是空框，门也即是家字头。而家呢？门内豢养有猪，这是家人共同生活的财富，众多女人在家清闲勤劳养下的。所以，家人卦就给我们制定了家庭恒久昌盛的家风规矩：君王自强不息，厚德载物。对家人言而有物行而有恒，主内女人有所约束，不要过分涉外，在家不能清闲，共同持家。有家才可归，家是温馨的港湾，如果主内女人清闲打理不好，人们不愿归家，这家也就有胜于无，没有意义了。所以内外要勤劳，赢得内外和谐发展，依次推向世界。这一道理就是阆中给世人提供的中华民族文化复兴，从而民族复兴，世界和谐形成新秩序，中华文化对世界文化做出的重大贡献。

因此，每一个人和谐健康，有所为，有所不为。有所约束，形同家人，勤劳不息，厚德载物。建成有意义的大家，则社会得福，世界大同。

在科学技术发展的今天，世界交流日益频繁，由于认识不同，相互矛盾重重，人与人的、国与国的、民族与民族的交往都应该本着这一原则，勤劳不息，厚德载物，实现世界幸福大同。在世界范围内实施文明教化，共同走向和谐幸福。对于地球而言，世界就为一个大家庭，我们依然需要和谐幸福，勤劳创造财富。

阆中，风水宝地，正以文化理念的形式，启迪着世界和谐的精神范本。愿格物致知，致知格物，自强不息，厚德载物。大家共同劳动，勤劳致富。文化教育通行天下，民族和谐，世界大同幸福。

好大一个家啊！阆中还将以风水文化、道学文化、易学文化的发源地的理念去影响世界，形成世界大同。感谢这一块风水宝地，我们更有责任和义务去发扬光大。

□门里家风

陈氏家教家风造就巍科重臣

袁 勇

北宋阆州阆中人陈省华，字善则。早年随祖父陈族至四川阆中。初为蜀西水县尉，后为宋陇城主簿，再迁栎阳令。官至左谏议大夫。死后获赠太子少师、秦国公。妻冯氏，封燕国夫人。陈省华三个儿子，陈尧叟、陈尧佐、陈尧咨，分别高中宋太宗端拱二年己丑科和宋真宗咸平三年庚子科的状元，史称"陈氏三状元"。尧叟、尧佐出任过宋真宗和宋仁宗时期的同中书门下平章事，官至宰相，尧咨则被任命为节度使，相当于将帅，故又称"两相一将"。不论是治理一方还是入主中枢，陈省华和妻子冯氏始终没有改变对子孙的严格家教，坚持建树良好的家风。正因为家教家风的重要影响，三个儿子都终成大器。司马光称赞说："三子接踵为将相，子孙繁衍，多以才能致美官，棋布中外，故当世称衣冠之盛者推陈氏。"并在《陈氏四令公祠堂记》中曾写道：天下皆以陈公教子为法，以陈氏世家为荣。这样的好名声，持续到了元朝。著名杂剧作家关汉卿曾将这一段故事撰成剧本《状元堂陈母教子》，赞扬

"三尧"的母亲陈冯氏教子有方。

《状元堂陈母教子》全剧共四折一楔子。剧情是：冯氏有三子陈良咨、陈良叟、陈良佐，一女梅英。冯氏训子读书甚严，盖状元堂令其苦读。朝廷开科选士，大儿、二儿先后中头名状元。三儿夸下海口，以为必得头名状元。谁知状元另有其人，名王拱辰，后被冯氏招为女婿。三儿陈良佐仅中探花，被冯氏痛责。陈良佐羞愧之下，发愤攻读，再次应试，终于得中状元，却因接受民财孩儿锦又被冯氏责罚。寇准此时担负采访贤士之责，闻知此事，赞叹一门四状元，母贤子孝，奉旨加官赐赏。冯氏为了训子攻书，专门修盖"状元堂"，在修建过程中，杂当从打墙处刨出一窖金银来，儿女们高兴得不得了，小儿子嚷着要打网巾环儿戴，不料冯氏脸色一变，说：杂当，把那窖金银就那里与我培埋了。儿女不接，冯氏说："遗子黄金满籯，不如教子一经。"冯氏是要把儿女教成贤人，当为培福，不当为积财。为儿子金榜题名，在大儿子应试期间，冯氏每夜烧一柱香，嘴里说："不求金玉重重贵，只愿儿孙个个贤。"财为祸本，所以那些白手起家者，皆由无钱自勤而来。而大富家多多不久房产一空，故古人云："遗子黄金满籯，不如教子一经！"为什么现在有那么多官二代、富二代要么不孝，要么性玩心劣入囚门不成器，其源于爱之不得其道，或偏与钱财，或偏令穿好衣服，钱随彼用。对子女一来沦于溺爱，更深的原因可能是炫势、炫富满足虚荣心造成的。欲儿女成贤人，当为培福，不当为积财。

真实的陈氏家教家风故事，更为丰富感人。

宋太宗端拱二年，状元陈尧叟受到太宗的召见。赵光义见陈尧叟气宇轩昂，举止得体，回答问题辞意通畅简要，问左右："这是谁的儿

□ 门里家风

子？"宰相吕蒙正回答说："他是娄烦县令陈省华的儿子。"宋太宗赶忙下令陈省华进京陛见，一经交谈，立刻擢升陈省华为太子中允（官阶为五品）。次年，宋太宗又在同一天擢升陈省华、陈尧叟父子任秘书丞（古代掌文籍等事之官），并赐给两人绯袍（宋制，五品以上三品以下官员着绯色官服）以示恩宠。父子同日升任同样的官职、受同样的赏赐，实属旷代殊荣。这就是历史上有名的以子知父、父子俱荣的故事。

虽然随着陈省华平步青云，他的三个儿子也先后进入官场。父子四人同升显位，但陈氏家族在陈省华和冯夫人的管理下，依然保持了严格的家教和朴素勤劳的家风。比如宋真宗时，陈尧叟任枢密使，陈尧佐直史馆，陈尧咨知制诰，都是朝廷重臣，皇帝身边的红人。然而，每当宾客造访，三兄弟必会侍立父亲身后，一个个端茶倒水，毕恭毕敬，害得那些来访的客人如坐针毡，浑身不自在，只好找这样那样的理由告辞。这时，陈省华总是对客人说："大人们谈正事，小字辈一旁侍候，这是人之常情啊。"

陈省华家里有一匹劣马，性情暴躁，不能驾驭，踢伤咬伤了很多人。一天，他走进马棚，没看到这匹马，于是责问仆人："那匹马怎么不见了？"仆人说是陈尧咨把马卖给商人了。陈省华马上召来儿子，说："你是朝中重臣，我们家的人都不能制服这匹马，商人又怎么能养它呢？你这是把祸害转嫁给别人啊！"陈省华赶紧命人去追商人牵回马，并把卖马的钱退给商人。他告诫仆人把那匹马养到老死。

陈省华的妻子冯老夫人不以富贵而奢，更以节俭为荣。她不许儿女奢侈浪费，一大家子开火做饭，常常是冯老夫人亲自领着媳妇下厨。陈尧叟的妻子是当时尚书马亮的千金，在家被宠爱惯了，哪会上灶煮饭，就给丈夫说:"你是宰相,我是宰相夫人,还要天天下厨房。给父亲说说,免了我下厨房吧。"陈尧叟摇摇头说:"我爹要求严,我不敢。"他妻子便回娘家哭诉。一天上朝的时候,尚书马亮在路上遇到陈省华,就趁机求情,说女儿"素不习,乞免其责",意思是说,女儿一贯不习惯做杂活,望免掉下厨的责任吧。陈省华回答得很有意思,说:"未尝使之执庖,自是随山妻下厨耳。"意思是说,又没有让她执庖主厨,只是给我家老夫人打个下手啊,马尚书一听冯老妇人亲自下厨,肃然起敬地说:"小女就烦你多多指教吧!"

小儿子尧咨喜欢使枪弄棒,尤其擅长射箭,他曾以铜钱作靶子,一箭就贯穿其中,人称"小由基"。相传春秋战国时楚国神射手养由基能在百步之外射穿作标记的柳叶,并曾一箭射穿七层铠甲。欧阳修的《卖油翁》就记录了陈尧咨与卖油翁的故事,说陈尧咨擅长射箭,绝世无双,他也凭借这个本领自我夸耀。他曾在射箭的场地里射箭,有个卖油的老翁放下担子站在一旁,斜着眼不在意地看他射箭,很久没有离去。老翁见到他射出的箭十支能中八九支,仅仅微微地点点头。陈尧咨问道:"你也懂得射箭吗?难道我射箭的技艺不精湛吗?"老翁说:"没有别的奥妙,只不过是手熟练罢了。"陈尧咨气愤地说道:"你怎么能轻视我射箭的本领?"老翁说:"凭我倒油的经验知道这个道理。"于是老翁取出一个葫芦放在地上,用一枚铜钱盖在葫芦口上,慢慢地用勺子把油倒入葫芦中,油从钱孔中流入,而铜钱一点也没有被沾湿。接着老翁说:"我也没有别的奥妙,只不过是手熟练罢了。"陈尧咨只好笑着送走老翁。

宋真宗景德年间,陈尧咨任荆南节度使(今湖北江陵、公安一带),

□ 门里家风

任满归家，母亲问他在地方上为老百姓都做了哪些政绩。陈尧咨说，荆南要冲之地，来访的官员多，宴集频繁，我经常在宴会上表演百步穿杨的技艺，客人莫不叹服。母亲听后不但没表扬他，反而大声责骂，你父亲教育你忠孝辅国，如今你身为朝廷大臣，不以施仁政为己任，竟以炫耀雕虫小技为乐，怎么对得起你父亲呕心沥血的教导呢？说完，举起棍棒就朝尧咨打去，把皇帝赏赐给他的"金鱼袋"都给打碎了。

正因为陈省华和冯氏这样严厉地要求弟兄三人，他们在任职期间，率领当地老百姓同水旱涝灾做斗争，对开发水利，发展农业生产和保护人民生命安全等方面，做出了重大贡献，被誉为"水利世家""状元宰相之家"。

陈省华任栎阳令时，就敢于与地方豪强作对。栎阳的豪强恶霸势力很大，官府也奈何不得，他们壅塞沟渠，下游的人得不到水，没法进行农业生产。陈省华一到，下令尽去壅遏，水利均及，民皆赖之。陈省华到苏州作知府，一去就遇大水，到处是流动的灾民，他组织人力，收埋死者，赈济灾民，安置流民数千家。当河决郓州时，又派他领州事，负责堵缺口。陈省华临难受职，他率军民苦战奋斗，终于使黄河回归旧道，取得太宗的"诏书褒美"。他权知京府时政事纷繁，为了集中时间办公，他上奏皇帝"请禁宾友相过"。因陈省华为政认真多劳，病时，宋真宗"手诏存问，亲阅方药赐之"。

陈尧叟奉诏赈灾后，迁工部员外郎，广南西路转运使。岭南人信巫，有病不服信药，祷神祛灾。陈尧叟移风易俗，将集验方医书刻于石上，立于驿站。岭南炎热，陈尧叟命人植树凿井，深得当地人拥戴。咸平元年，真宗诏令各路督察考核各地百姓种植桑枣，尧叟上疏，言所管之地多山石，宜因地制宜，种植苎麻，得真宗赞许。陈尧叟在阆中期间写过一首诗，题目叫《果实》："甜于糖蜜软于酥，阆苑山头拥万株。叶底深藏红玳瑁，枝边低缀碧珊瑚。"字里行间洋溢着对家乡的热爱，可见那时阆中的生态是多么美妙。

陈尧佐一生为官清正，敢作敢为。他在陕西为官，告发地方官方保吉的罪恶，方保吉怨恨他，以事诬陷陈尧佐，他因此被降为朝邑县主簿。在开封府做官，又"言事忤旨"降为潮州通判，他就修建孔子庙，造韩吏部祠，以教化潮州人民。百姓张氏的儿子与其母亲在江中洗澡，鳄鱼尾随而吃掉其子，母亲不能营救。陈尧佐听说后为之伤心，命令两个小吏乘小船拿着网前去捕捉。鳄鱼顺服被网住，陈尧佐写文章把鳄鱼示众街市而烹之。他在寿州做官遇到大饥荒，他带头捐俸米煮稀饭，当官的不得已都献出大米，救活成千上万的人。改任庐州时，因父亲患病请求辞官回家，提点开封府界事，后来为两浙转运副使，改任河东路转运使。河东土地贫瘠百姓贫困，依靠石炭为生，奏请朝廷免除税收。又减少泽州大广冶铁课税几十万。改任河北后，因母亲年老请求就近侍养，召他纠察京城案件，为御试编排官。他知永兴军发现前任官姜遵为了讨好刘后，在京兆（今西安）修佛塔，大量毁坏"古碑碣充砖瓦用"，便马上向朝廷奏请停毁和修复，为了保护文物，公然违忤刘后。为防钱塘潮，他提出了"下薪实土法"。为堵黄河在滑州缺口，他发明了"木尤杀水法"。知山西并州时，汾水暴涨，他勘察地质地势，沿河筑堤，又种植柳树万株，形成"柳溪"。陈尧佐任枢密副使时，祥符知县陈诂治理严厉苛刻，手下官吏打算加罪陈诂，就使县空逃去，太后果然愤怒；但陈诂与吕夷简连亲，执政大臣以嫌疑不敢争辩。事情传至枢密院，陈尧佐说："惩处陈诂则奸吏得计，以后谁敢再约束胥吏呢？"陈诂因此得以免罪。陈尧佐生性勤俭节约，看见动物必定告诫侍从不要杀害，器物衣服坏了，就随时缝补，说："无非是使之不全被丢弃。"他自称"知余子"，自己写墓志说："年寿八十二不为夭折，官一品不为低贱，使相接受俸禄不为耻辱，这三者大略可以归息于父母栖神之地了。"

陈尧咨"善射"之外，又是书法家。陈尧咨为官多年，也曾做过一些好事，如破格提拔寒门之士，他做地方官时注重水利，知永兴军（今陕西）节度使时，因长安土质盐碱太重，井水苦涩，便动员人力重开龙首渠引河水入城，居民深受实惠。任安国军节度使时，郓州内涝严重，他奏准自鱼山至下扒开新河，导积水入黄河，解除涝灾。他在担任军职期间，为防御契丹、西夏入侵，加固边城，修整器械，充实军需，增强了军事力量。

今天阆中有香火很旺的读书岩科举文化景区，位于大像山上。天然岩穴，长34米，深约20米，穴口高4米，是冯母教子后来陈尧叟、陈尧咨高中状元处，故名状元洞；又因尧叟、尧佐官至宰相，尧咨善骑射，文武双全，官至节度使，成为将军，故又名将相堂；由于遗留着宋真宗亲笔御书"紫微亭"，故又称星岩。

天道无亲常与善人！陈省华一家严于律己、心怀仁恕的家风，正是上天所推崇的；从这个意义上看，子孙的昌盛也是必然的。再看看当今的世风和道德的沦丧，下一代将会用怎样的眼光看我们？拯救传统道德、复兴文化礼仪良知，我们每个人都得肩挑一担！

《易经·家人》的家道文化解

朱启经

家人：利女贞。

《彖》曰："'家人'，女正住乎内，男正位乎外。男女正，天地之大义也。家人有严君焉，父母之谓也。父父子子，兄兄弟弟，夫夫妇妇，而家道正。正家而天下定矣。"

《象》曰："风自火出，家人。君子以言有物而行有恒。"

注释：家人：卦名；家中之人、一家之人。

卦辞意译：宜于女子守正。

卦解：《家人》的卦象是：上卦为巽，巽为长女；下卦为离，离为中女。巽长女的主爻为六四阴居阴位"当位"而有初九之"应"；离中女的主爻为六二阴居阴位"居中得正"，"中正"而有九五之"应"，这离女巽女皆"当位"而有"应"，所以有"利女贞"之象。

《彖》解：以二五两爻的"中正而应"来看待"家人"，则有"女

□ 门里家风

(六二之阴)正位(居中当位)处在内卦；男(九五之阳)正位(居中当位)处在外卦。男女皆正，是天地的"大义"。"家人"有九五中正的"严君"，是在说"父母"。父父子子，兄兄弟弟，夫夫妇妇，各守其正，就是"家道正"。每个家庭都各守其正，那么，天下自然安定。

《象》解：巽风的进退是由离火之心出来的，这就是"家人"的卦象。君子以此而得其道：说话要中肯，行为要有恒心。

初九：闲有家，悔亡。(家人☷渐☶)
《象》曰："'闲有家'，志未变也。"
注释：闲：防止(艮象)。
意译：家中有备，悔事就能消亡。

爻解：初九之阳所"应"的是上卦巽长女的主爻六四，初九处在下卦离体中，离火火炎趋上而有"往"之象。初九爻变，变卦的下卦为艮，艮为止为防止，且其爻与六四敌应，这就是"防六四"的"闲"之象。在变卦中，其下卦为艮为门，其上卦为巽为长女为伏入，这就是"巽女入门"成家的"有家"之象。合观之就是"闲有家"之象。

那为什么，初九不能因与巽女主爻"当位而应"则直接娶其而直接成家(有家)呢？这是因为巽女主爻六四除"应初九"还"承九五"且被九五所"据"，这九五还"应"六二，并能指使六二"乘"初九——这就是初九所有的"悔"之象。

与其强攻不如防守。初九爻变以艮防守所带来"闲有家"的同时，六二"乘"初九的"悔"也就消失了，这就是"闲有家，悔亡"之象。

为什么要有"防备预案"呢？因为从六爻的象数结构看：其爻变，

变卦为《渐》，《渐》的上卦为巽，巽为风为风传为伏入，下卦为艮为门，这是"有消息入门"之象；巽又为"进退不定"，这是"此消息不可全信或对方还处在犹豫中"之象，这就是"在家未出门就有心理准备"的"做好预案"的象数依据。

就"家道文化"而言：当一个家组成后，首先要有一个"这个家与社会关系"的思索问题——家与社会的关系应建立在"当位（正当）"基础上。

《象》解：虽"闲有家"，但阳居阳位"当位"而"应"九四的心志没变。

六二：无攸遂，在中馈，贞吉。（家人䷤小畜䷈）

《象》曰："'六二'之'吉'，顺以巽也。"

注释：攸：所。遂：目的、愿望、一厢情愿。馈：饷、食（吃）。

意译：不要有太多的奢望，在家中做饭，扮演好自己应有的角色，则吉。

爻解：六二与九五"中正而应"，且为下卦离火的主爻，离火趋上而有"附着九五"之象。六四之阴"承"九五，且处下互卦坎水，以坎水灭离火，所以六二有"无攸遂"之象。六二居中而"承"九三这个下互卦坎水的主爻，坎为饮食，所以有"在中馈"之象（还因为下四爻连互构成"既济连互体"）。六二阴居阴位"当位"而有"贞"之象，其"贞"与九五"中正而应"，所以有"贞吉"之象。

就"家道文化"而言：有客人来（巽风伏入）不要立刻把自己的愿望与目的直接说出，应先准备好饭菜热情招待。（巽为木为青菜、兑为

□ 门里家风

悦为口为饮食、离为火为热情）——有朋自远方来不亦说（乐）乎！

《象》解："六二"之"吉"，是六二阴居阴位"居中"而顺"应（等待）"九五，九五则以"据"六四这个上卦巽卦主爻伏入而归"二五相遇"。

九三：家人嗃嗃，悔厉，吉；妇子嘻嘻，终吝。（家人☲益☵）

注释：妇：巽象。子：坎象。嗃嗃 hè hè：严肃之声貌（严肃的家风）。

意译：家人经常受到严厉斥责，使人悔而危厉，吉；妇女孩子嘻嘻笑笑，最终会导致羞吝。

爻解：九三受上卦巽风主爻六四所"乘"，巽为风声，这是居中得正的主卦之主九五所处在上卦巽体发出的"乘"九三的"嗃嗃"之声，因处在"家人"的卦时中，所以有"家人嗃嗃"之象。九三处在"三多凶"之位，且在下互卦坎险之中，所以有因"坎水"而"悔厉"之象，又因其处在"家人"卦时中，这属于"房内之事"，所以虽"悔厉（对身体不好）"，但为正常（当位）的恩爱之举，所以有"吉"之象。合观之就是"悔厉，吉"之象。

"乘"九三的六四是上卦巽风的主爻，巽为长女为风声，所以有"妇嘻嘻"之象。其下互卦为坎，坎为中男而有"子"之象。巽风嘻嘻的主爻"乘"其坎之中爻，而坎子"听风"也有"嘻嘻"之声，这就是"妇子嘻嘻"之象。巽女"乘"九三有"凌驾夫君"之嫌而受"非议"，这坎子"听风"而"嘻嘻"，则有"损家风"（影响孩子）之嫌，所以有"终吝"之象。

就"家道文化"而言：家中应有严肃的家风，儿戏的言行会对"家庭"成长带来不良后果，

《象》解："家人嗃嗃"，正常之声；"妇子嘻嘻"则有伤家风。

六四：富家，大吉。（家人☲☴同人☰☲）

《象》曰："'富家，大吉'，顺在位也。"

意译：让家庭富裕起来，大吉利。

爻解：六四是上卦巽卦主爻，巽为"近市利三倍"，所以有"富"之象，因处在"家人"卦时中，所以有"富家"之象，六四阴居阴位"当位"而"应"初九，且"承"九五，所以有"大吉"之象。

《易经》经文中有"元吉"与"大吉"两个词。元吉，也是"大吉"的意思，但其中含有"德善"，也就是说"元吉"是以德善为基础的"大吉"。

就"家道文化"而言，家庭应有一个"君子爱财，取之有道"（巽为财巽为近利市三倍，乾为努力奋斗的自强不息）的家庭富足的理念（离为火为理念）。

《象》解："富家，大吉"，是因为六四在其位"当而应"初九，且顺"承"九五之尊。

九五：王假有家，勿恤，吉。（家人☲☴贲☶☲）

《象》曰："'王假有家'，交相爱也。"

注释：假：借、至。

意译：王到其家，勿忧愁，吉。

□门里家风

爻解：九五处尊位而有"王"之象；九五处在上卦巽体中，且"据"巽的主爻六四，借巽风（巽为财：巽为近利市三倍）之力而可主持家道——主卦之主，所以有"王假有家"之象。因九五处在下互卦坎险之上，又处在上卦巽风之体，而有随风伏入坎险中之虞，且中四爻构成"未济结构"，所以有"恤"之象；又因九五"中正而应"六二，且尚未陷坎险之中，所以有"勿恤"之象。这九五"中正而应"六二，是真诚正当的相爱，所以有"吉"之象。

就"家道文化"而言：外财并非不可取，关键在于"是否符合天道"（六爻中的第五爻为"天位"为天）。

因"假"字还有"至"的意思，所以还有一解：

九五爻变，巽伏入艮门，所以有"进门"的"至"之象。

就"家道文化"而言：如有高官来家，无须担忧害怕而献殷勤，只要诚心相待，就会得吉的。

《象》解："王假有家"，是说九五借巽长女（巽风）之力而"有家"，而九五与六二"正应"是真诚的相交之爱。

上九：有孚威如，终吉。（家人☲☴既济☵☲）

《象》曰："'威如'之'吉'，反身之谓也。"

意译：有诚信又有威严，最终得吉。

爻解：上九与九五之尊"亲比"，因处在上卦巽体中，借巽主爻六四来"承"九五之尊，所以有"有孚"之象。上九以阳居阴位且与九三"敌应"而有"威如"之象，这就是"有孚威如"之象。其虽有阳居阴位的"不当"，且有与九三的"敌应"，还有"爻变""乘"九五之嫌，但上九却能诚信地"亲比"九五之尊，所以有"终吉"之象。

就"家道文化"而言：诚信（孚）是家道文化的至高（上爻）准则。

《象》解："威如"之"吉"，是因上九能反身趋下"亲比"九五之尊。

□ 门里家风

重谈"养不教，父之过"

郑 华

《三字经》里有句名言曰："养不教，父之过。"足见中国传统文化中，父亲在教育子女中的作用被极为重视。而如今的中国，男性（父亲、家长、长辈、长者、师者）在子女教育中缺失了，男性家长主管在外打拼挣钱，女性家长负责陪伴教育孩子的家庭分工十分常见。在小学、中学、甚至大学里男性教师的比重很低。导致了男孩子被培养得女性化了，小鲜肉、花样美男、男闺蜜的出现与这种教育分工中父亲缺位不无关系。

近年来的大学生、研究生中，男生比例下降，进而出现的结果是：《中国青年报》2007年报道，安徽省高考上线率男女比例已经达15∶85。

在受教育程度较高才能进入的白领高收入阶层中女性人数超过男性、女性收入超过男性。《中国青年报》的同一调查表明：2010年月收入在20000元以上的女性人数超越男性。

这种现象再进一步的结果是：大龄剩女数量越来越多。高收入、高学历的青年女性所要求的更高收入、更高学历的男性简直成了濒危物种。2012年发布的《中国男女婚恋观系列调查之"剩女"的自白书》显示：在所有受访女性中有32%的女性承认自己属于剩女，其中70后、80后的单身女性中，把自己定位在剩女的分别占37.4%和37.5%。相反，低学历、低收入生育的高速度正在形成一种人口素质逆淘汰的大趋势。所以重塑再造男性（父亲、家长、长辈、长者、师者）在家里和学校教育中的地位是再怎么强调也不过分的重中之重。

《三字经》在"养不教，父之过"之前还有两句话，一句是："昔孟母，择邻处。子不学，断机杼"。孟母的故事在民间广为流传，战国时，孟子的母亲曾三次搬家，是为了使孟子有个好的学习环境。而《三字经》里紧接着还有另一句话是"窦燕山，有义方，教五子，名俱扬"。讲的是五代时，燕山人窦禹钧教育儿子很有方法，他教育的五个儿子都很有成就，同时科举成名。"文革"中，窦氏被认为是大地主典型，其五子成才的故事所反映出的"学而优则仕""读书做官论"的思想被认为是反动的，该批判的。也许正是因为这一点，窦燕山的故事已被大多数人遗忘了。

《红楼梦》戚序本的作者就曾写过这样的诗句："请君着眼护官符，把笔悲伤说仕途。作者泪痕同我泪，燕山仍在窦公无。"抒发了作者对祖辈光辉的留恋和对子孙零落的感慨。诗中的"窦公"就是指的窦禹钧。而这种"燕山仍在窦公无"叹恨在现代富裕起来的中国人，特别是男人对子女教育的缺失状况仍可以说是一语中的。

如果说孟母教子是一个贫寒母亲的育儿故事，而窦氏的故事则是一

□ 门里家风

个父亲教育男孩子、教育"富二代""官二代"成功的典型。这个故事对"男孩女化""富二""官二"问题频出的当下中国更具现实意义。因此总结窦燕山的教子义方、恢复宣传他的故事，这在教育学上是十分重要的。

一、窦燕山其人

北宋著名文学家范仲淹所撰《后周右谏议大夫窦禹钧阴德碑》记录了他的生平：窦禹钧，范阳人，为右谏议大夫，致仕。诸子进士登第，义风家范，为一时标表。初，禹钧家甚丰，年三十无子。夜梦亡祖、亡父谓之曰："汝早修行，缘汝无子，又寿不永。"禹钧喏。禹钧为人素长者。先有家仆盗房廊钱二百千，虑事觉，有女年十二三，自为券，系于臂上，云求卖此女以偿所负，自是远逃。禹钧见女券，甚哀怜之，即焚券留女，嘱其妻善视之。及笄，以二百千择良配，得所归。尝因元夕往延寿寺，忽于殿后得金三十两、银二百两，持归。明日，诣寺，候失物主，还之。其同宗及外姻有丧不能葬者，公为葬之，凡二十七人；有女未能嫁者，公为嫁之，凡二十八人；或与公有一日之雅，遇其穷困，择其子弟可委者，随多寡贷以金帛，俾之兴贩自给，由公而活者数十家；以至四方贤士，赖公举火者，不可胜数。于宅南建书院四十间，聚书千卷。礼文行之，儒主师席。远方寒士，由公门登贵仕者，前后接踵。先是，公梦亡祖、父。后十年复语公曰："吾尝告汝，三十年前，实无子分，且年寿短促。今数年以来，名挂天曹，特延三纪之寿，赐五子，各荣显。"公益修阴德，享年八十二岁。沐浴别亲戚，谈笑而终。五子八孙皆通显于朝。

1."富二代"之窦燕山

从《后周右谏议大夫窦禹钧阴德碑》原文看，窦禹钧享年八十二岁。据罗振玉整理洛阳出土的《窦禹钧墓志》残石并考证：窦禹钧死于后周显德二年（955）①。如果往前推82年，窦禹钧应生于唐咸通十四年（873）。从出生到唐朝灭亡（873—907），窦禹钧在唐朝生活了34年。34岁时的窦禹钧所任官职为唐朝幽州节度使助理性质的官职"掾"。《宋史·窦仪传》云：

> 窦仪，字可象，蓟州渔阳人。曾祖逊，玉田令；祖思恭，妫州司马；父禹钧，与兄禹锡皆以词学名。禹钧，唐天佑末（904—907）起家幽州掾，历沂、邓、安、同、郑、华、宋、澶州支使判官。周初，为户部郎中，赐金紫。显德中，迁太常少卿、右谏议大夫致仕。

从以上的文字可知，窦禹钧的父亲是妫州司马（相当县政法委书记）、祖父是玉田令（玉田县长）、他与他的哥哥禹锡擅长词学，十分有名。又说："初，禹钧家甚丰"，可见窦氏本人是一个富二代、官二代。不仅如此，他年轻时曾是一名"恶少"，在古人看来，人过四十还没有孩子，实属大不孝。并由因果报应的逻辑推测，之所以无后是因他年轻

---

① 赵振华：《北宋窦仪墓志疏证》，湘南科技学院学报，2005年10月。

时多行不义之果。才有以下文字："初，禹钧家甚丰，年三十无子。夜梦亡祖、亡父谓之曰：'汝早修行，缘汝无子，又寿不永。'"即他梦见去世的祖父和父亲劝说他早日积德行善，否则就会无儿无女，寿命不长。

窦禹钧步入中年时，正是唐朝没落时期，当时的幽州（北京、河北、天津一带）相对独立，经济发达，但朝政颓迷，窦禹钧在仕途上发展无望，便过着吟诗作词风流倜傥的生活，三十多岁了还无子嗣。有史学家分析过明代戏剧《窦禹钧全德记》与《金瓶梅》的语言特征及故事、人物，证明这两部作品，出自一人。只是《窦禹钧全德记》是其早年作品，而《金瓶梅》为其晚年作品。也就是说，据该研究认为年轻时的窦禹钧是西门庆的人物原形。①

2."浪子回头"窦燕山

《后周右谏议大夫窦禹钧阴德碑》中窦禹钧的人生转折是两次托梦，梦中见到自己的祖父、父亲，劝其行善积德。第一次是在窦禹钧三十岁后，即"初，禹钧家甚丰，年三十无子。夜梦亡祖、亡父谓之曰：'汝早修行，缘汝无子，又寿不永。'禹钧喏。"第二次托梦是在窦禹钧四十岁过后，即"后十年复语公曰：吾尝告汝，三十年前，实无子分，且年寿短促。今数年以来，名挂天曹，特延三纪之寿，赐五子，各荣显。"

而真实的转折应该是唐末到后梁这段时间，北方的战乱改变了窦禹钧的生活态度。窦禹钧应生于唐咸通十四年（873）。唐朝灭亡（907）时窦禹钧34岁。此后经历了改朝换代的窦禹钧自然不可能再风流倜傥放

---

① 鲁歌、马征著：《〈金瓶梅〉及其作者探秘》，华岳文艺出版社1989年版。

浪形骸，开始过起了隐退而节俭的生活。也可能就是从这时起他开始办书院、做善事、节俭持家、人生态度开始有所转变。直到幽州之战，即后梁乾化元年至三年（911—913），晋王李存勖继攻燕幽州（今北京市西南）初战取胜之后，乘胜再次攻取幽州，灭亡燕国时，窦禹钧开始了逃离战火的逃亡生活。这时他已经40岁了，也正是在这时他的第一个儿子，也就是后来宋朝的礼部尚书窦仪出生了。

罗振玉辑《芒洛塚墓遗文三编》中《窦禹钧残墓志》残缺的记载着这样的文字："……（上缺）公曰不能遇时则当远害或出或□（缺）……公星行草莽之内途（缺）如神异乎昼伏宵行扶老携幼既免夺攘（缺）入梁寻佐沂州军事其后积年不调累邑（缺）唐晋二朝历邓安同三府观察支使郑州……"虽年份不详，入梁后，他已经逃到沂州（山东临沂）。又据《宋史·窦仪传》云："禹钧，唐天佑末（904—907）起家幽州掾，历沂（山东临沂）、邓（河南邓州）、安（湖北安陆）、同（陕西渭南）、郑（河南郑州）、华（陕西华县）、宋（河南商丘）、澶（河南濮阳）州支使判官。周初，为户部郎中，赐金紫。显德中，迁太常少卿、右谏议大夫致仕。"① 这两处记述都说明，改朝换代后，窦禹钧便投靠新皇帝，且继续多朝代做官至后周。一直在河南、山东、陕西一带做官，且葬于河南洛阳。

五代十国时期是中国史上战乱最多的时期。窦禹钧的中年时期都是在战乱和逃亡中度过。曾经扶老携幼逃难的他，到过许多地方做官，并生养五个儿子成人。在这过程中他见过太多的战乱给百姓带来的生离死

---

① 现在的地名是根据《中国历史地名大辞典》相应朝代的名称注释。

□ 门里家风

别甚至尸横遍野的场面,他只能省吃俭用、量入为出;安葬死难的乡人,救济穷苦的妇孺。每到一地长期住下后,擅长词学的他便出资办起家族书院,并请同族乡人穷苦人家的孩子陪读。随着局势渐稳之后,他还请些学者名仕甚至官员前来授课。后来,他的大儿子窦仪在宋朝当了翰林学士,并上书制定了详细的宋朝科举制度,从考试科目到考评办法均出自窦仪之手,窦氏书院才越发壮大。①

二、窦燕山之教子有义方

1. 诗书传家、守望中国文化

五代时期是中国历史上战乱频繁最动荡的时期。地处"燕云十六州"的北方还历经了被割让给契丹外族辖制的时期。人们在逃亡中求生,这时背井离乡的窦禹钧能够传给后人的只有诗书知识。大片的土地田产均不能保证家族的东山再起,而窦禹钧没有放弃对子女的教育,最终使得窦氏家族成为社会的中流砥柱。

不仅如此,窦仪在帮助宋太祖平定天下后,立即恢复科举制度,建立"人才选拔"的机制制度,并因其为国家建设做出了巨大贡献而载入史册。

而对比现代的富人,通过中国的改革开放,"富一代"的财富积累为"富二代"创造了丰厚的物质基础。在物质享受与家族重任之间,很

---

① (元)脱脱等:《宋史·窦仪传》,中华书局1977年版。

多"富二代"选择了物质享受,开豪车、住豪宅,过着奢华的生活。一项"浙江商人培养继承人的方式"调查显示,37%的"富二代"希望自己创立一番事业,45%认为目前自己还不具备接班的各项素质,不愿接受父辈的事业。与"富二代"问题同时存在是社会上强烈的"仇富""仇官"心理,使社会处于不和谐的气氛之中。

2. 言传身教、以身作则

窦氏家族虽然富有,但他家法严明,其妻子、家人从不穿金戴银,而是省下钱来办书院,帮助穷人。"其同宗及外姻有丧不能葬者,公为葬之,凡二十七人;有女未能嫁者,公为嫁之,凡二十八人;或与公有一日之雅,遇其穷困,择其子弟可委者,随多寡贷以金帛,俾之兴贩自给,由公而活者数十家;以至四方贤士,赖公举火者,不可胜数。"另外,他善待下人的故事也以多种版本的戏剧小说等流传下来。一个下人因偷窃窦家钱财,将女儿抵债,窦禹钧则把这小女养大成人。这样的行为不仅在乡里树立了威信,也为子女做出了榜样。

反观当下中国,很多一代创业者在成功之后,并没有持续自己在创业时期的艰苦作风,而是生活作风张扬,铺张浪费严重。甚至包二奶、赌博。本来就被过度呵护溺爱的孩子,在成长的关键时期,没有形成优良的品质,没有是非辨别能力,依赖性强、自理能力差、贪图享受等。直接导致孩子品质的不健全,使他们缺乏责任心,缺乏公共精神,没有感恩之心。父母的影响可想而知。

3. 与贫寒学子同窗,砥砺学习能力

窦氏家族开办的书院,免费供贫寒学子学习。"于宅南建书院四十间,聚书千卷。礼文行之,儒主师席。远方寒士,由公门登贵仕者,前后接踵。"这样做法的好处在于,让自家子弟与寒门子弟同门从师学习,引入竞争机制,让自家子弟在学习能力上经过同等严苛的训练。

对比现代的富二代教育反差极大。现代的富二代开着豪车在校园里炫富,甚至,富人们一开始就把孩子送进贵族学校,让他们只跟与自己身价相当的人形成一个封闭的小圈子,吃不了高考的苦,就用钱摆平关系,或直接送国外留学。他们对孩子百般呵护,满足孩子的一切物质需求,却忽视了精神的培养,使得孩子从小就成了金钱的奴隶,让他们觉得一切都可以用钱来摆平,因此才会有他们的挥霍无度和自以为是,甚至漠视他人生命。

4. 男儿当以经邦济事,修齐治平为己任

窦氏书院的教育内容是以儒学为主要内容,与当时的国家人才选拔机制"科举"紧密连在一起。不仅是为继承家族财产、提高家族的声望培养人才,更是为国家培养人才。这当中体现着一种社会责任感。教育男儿要有理想,以经邦济事、修齐治平为己任,要有责任、有担当、有血性。而不是像现在这样,男儿女相、拼命去整容靠脸吃饭。在婚姻中也不愿意承担责任,在校园里竟有很多男儿"求包养"、搞"姐弟恋"。

总之,窦燕山的故事体现了为人、为父、为官的道理。他不仅具有"达人"的理念,捐资助学、尊师重教、举荐贤能,还具有平等待人、仁爱之心,他身为显贵,却不做欺男霸女之事,反而善对妇女、宽待下人。他自律节俭,管束好家人。生活俭朴,省钱捐资助学、做善事。

窦氏的典故说明,对于现代人发愁的古已有之的"富二代""官二代"问题,是为父、为官、为富人者的做人问题。如何做好人、做好官、做个节食自律的富人的问题。因此,才有"养不教,父之过"之

说。更进一步说，一个贫困的人家，母亲可以起很大的作用，而对于"富二代""官二代"的教育就复杂得多，并非勤俭苦读那么单纯，为官为富者，必把社会上的种种影响带入家中，所以父亲的言传身教才更为重要。

中国俗语中有句话："富不过三代"，用以警示国人子女教育和长辈的为人师表的重要性。而把男性长者在教育后代中的意义提高到未来若干代以后的战略高度，用现代人的话就是一种"人才观"或叫"人才战略"。为了让我们的国家在球场上、商场上、战场上不再被动和落后，就让我们对父亲们大声疾呼"养不教父之过"！

□ 门里家风

诗书相传的蒲家大院

蒲仕川

"三十年河东三十年河西"说的是一个家庭，一个人生都是风水轮流转。人的一生不可能富贵一辈子，贫穷一辈子，也不可能顺顺当当一辈子，风风光光一辈子，总会厄运当头，也会时来运转。然而，在千年古城——阆中却有这样一个家族，它的兴旺与繁荣，几百年来长盛不衰，人才辈出。让我们一起去解密这个家族生命的密码，一起去领略充满了传奇故事的蒲家大院的来世今生……

大凡到过阆中的人，都会对蒲氏宅邸建筑风格尤感兴趣，情有独钟，都会不由自主地走进这座深宅大院去观赏极具特色的"倒坐式"建筑。这样的建筑风格在四川乃至全国都罕见，属古建筑的精品。

蒲氏宅邸位于阆中古城笔向街西段40号，为明代晚期孔氏商家所建，至今已有四百余年。蒲氏先祖原籍山西蒲州，河东郡。晋商风云际会时期，蒲氏先祖蒲尚书于明代中叶入川，先在重庆磁器口经商，其家族字辈是：天文子书葆，钟瑞（德）彦兆，现在已经是彦字辈了。其先祖蒲尚书八世孙蒲天泽在清康熙年间来到阆中，经营丝绸。1885年，蒲氏12代孙蒲轮召买下了这座院落，历经蒲葆铨、蒲钟炘、蒲瑞康、蒲彦灵、蒲彦敏等。现产权归蒲瑞康、蒲瑞坤、蒲瑞炳三兄弟。

优秀的基因需要铭记和传承，蒲氏家族书香门第，文脉相继，给这座古院注入了无限的生机和活力。据原阆中市政协副秘书长，宅邸主人蒲瑞康回忆，其曾祖辈秉持"家教为先，自强不息，勤笔勉思，持之以恒，和睦邻里"的家规，其祖父又丰富了"学问全面，诲人不倦，严于律己，循循善诱"的内容。有"勿道人之短，勿恃己之长，施人慎勿念，受施慎勿忘"的信条，有"正直真君子，刁唆是祸胎，衙门戒出入，乡党要和谐……"的百字铭，有"一粥一饭，当思来之不易，半丝半缕，恒念物力维艰，勿贪意外之财，勿饮过量之酒"等治家格言。就是在这样的家训家规、格言的熏陶下，宅邸的蒲氏子孙一代又一代的继承和弘扬，从这个深宅大院里走出了许多德才兼备才华横溢的人。蒲轮聘入贡后，无论是在家候选还是去外地赴任，都坚持每日撰文一篇、诗词一首，从未间断。后来辞官居家，读书、教书、讲训、编书，成了他晚年的必修课。蒲葆铨幼习诗书，光绪秀才。一生从教，做过私塾学馆先生，后为川北师范学校教师，阆中女子师范学校教师。

由研究四川孔氏宗族阆中支系的孔祥孜提供的史料介绍，据阆中县志记载，因孔蒲两家有四代以上的姻缘关系，所以孔先生很了解蒲氏宅邸里发生的一些故事：蒲氏宅邸先后出了蒲文风、蒲子恒、蒲编书、蒲琼书、蒲轮聘、蒲轮召、蒲葆铨、蒲葆铸等一批才俊。其中蒲轮聘考中清咸丰辛酉科（1861）拔贡，设帐授徒，八年后入仕，任大足县训导，资阳教谕。辑《养正诗钞》一书存世。蒲轮召考取清光绪乙酉科

□ 门里家风

(1885)拔贡,他少承庭训,熟读经史,有诗文存世。县志录其诗《魁星楼》一首,"苍茫云树远连天,十二楼中思渺然。纵使一条江河隔,文星依旧在窗前"。所居街道原为文昌街,后由他命名为"笔向街",因街道正对白塔,又名文笔塔,取文星高照之意。后赴京城参加殿试,千里迢迢不带随从,风餐露宿,一路艰辛,自不待言,足见其自强不息之精神。蒲葆铨,自幼饱读诗书,并习书法。1905年废科举,兴学校,受聘于川北师范学校教授国文,后出仕仪陇,至民国还家。蒲葆铸,幼年好学,及长涉政,先后任广东番禺县,高要县知县,以清廉慈爱,惠政在民获誉。蒲编书之女(蒲轮聘之妹)婚后其母患病,蒲氏割股为其疗疾,当时受到了清光绪朝廷的旌表,阆中县志烈女传有记。蒲轮聘写诗《割股行》赠其妹,"古人立言贵保身,发肤不毁重天伦,无可奈何事急矣,何惜一脔救慈亲……"(《阆中民国县志·艺文》,第812页)赞颂其妹孝感天地。蒲钟厚,蒲轮聘之孙,16岁参加红军,在红四方面军总政治部工作,长征中牺牲,追认为烈士。蒲氏家人就是这样的一个英杰辈出的大家族,世世代代,勤学苦读,见贤思齐,以前人为楷模,励后生为荣光。

除此之外,蒲氏嫡亲中,还有保宁府人,光绪癸卯科举人,京师大学堂(北京大学前身)毕业之杨诚恭,曾任广西苍吾县知县,南宁府知府。民国时期曾任灌县、仪陇知县。1946年任阆中县志主编,新中国成立后,任四川省文史馆馆员。还是阆中县人大代表、政协副主席。他的母亲是蒲氏家族蒲琼书之女。刘羽丰、蒲轮聘之女的儿子,1913年毕业于四川高等师范学堂(四川大学前身),先后任中等学校教员,茂县专署秘书。从教几十年,桃李满天下。中国著名数学家、四川大学教授,阆中籍张鼎铭先生就是他的学生。蒲轮聘孙女蒲钟潼之婿蒋先惠，1948年上海同济大学医学院毕业，留院教授，是该院神经科创始人，硕、博导师，主编医学专著十余部，弟子遍布全国各地。陈鸿炳，曾授业于蒲轮聘，与广安籍著名数学家何鲁是同窗好友，追随孙中山先生参加辛亥革命，在上海、武汉、广州作幕府成员。新中国成立后任阆中政协委员、人大代表，四川省文史馆馆员，真乃师高弟子强。

据古院主人介绍：曾祖父蒲轮召购买此房时，即考虑此处环境幽雅，以便设帐收徒，开馆教学。在这里受教者都是应对院试、乡试乃至参加殿试的人，此处正好为他们提供了充分的学习条件。他的祖父蒲葆铨亦长期设馆授徒，学馆名叫"笔耕堂"。蒲轮聘还称颂其祖父"德劭年高，品端学粹，诗书泽长，馨香网替"。蒲氏宅邸藏书颇丰，可惜的是，"文革"中遭厄运，连焚二日，藏书大部分被烧毁。仅蒲轮召留下各类书籍达三十多箱，这些书箱都是专门制作的，晚年分给了三个儿子。

家风恒久存，子孙永铭记。家风家训像一座灯塔，照亮子孙前行的路。一个好的家风家训自会带来好的后人。

几百年来，蒲氏宅邸的祖祖辈辈，嫡系血亲中出现了许多俊彦才俊，无不与这个家族的文脉传承、文风蔚然有关，无不与宅邸的阴阳交合、藏风聚气的风水格局有关。在阆苑古城众多的深宅大院里，无疑蒲氏家族是这座千年古城的名门望族之一。古老的深宅大院，给人一种震撼之感。一砖一瓦无不渗透着当年风情、文化和历史；宏伟而又精巧的老宅架构与院落布局，饱含着工匠的勤劳和智慧；错落有致的古老院落，或许深藏着其主人与家族的尘封往事、曾经的辉煌与兴衰更迭。据

□ 门里家风

这个家族的后辈蒲克平介绍,现存的蒲家宅第只是原来蒲家大院的三分之一,其他的被陆续拆掉了。他说,蒲氏宅邸收藏了许多古匾古家什,珍藏了许多清代藏品和名家书画。悬挂于大厅的"天锡眉寿"匾为清同治三年制,天井入口处的"树背湲荣"匾,为清咸丰七年制。大厅香案、太师椅、长凳均为明代珍品。

如今我们看到的原汁原味的门有106扇,保存完好的各式窗户78扇,各式窗花一应俱全。一进大厅,你会看到东西厢房均为书房,存放了上万册书籍,如此布设,足见其主人及家人儒雅涵养和身价。

走在宅院的小路上,聆听历史遗存的故事,有滋有味,脚下的青石板路被岁月磨得锃亮,带给你一种时光倒流恍若隔世的远离感。

"忠厚传家久,诗书济世长",这就是蒲氏宅邸门里家风的真实写照。

让家风与国风共振

廖茂林

从古至今，家国之风一直是我中华民族实现自我认同、完成自我迭代的基石。上下五千年，我们的祖祖辈辈正是秉承着一以贯之的深沉而浓烈的家国情怀，才凝聚成今天傲立于世的华夏文明。家风是国风的基本元素，国风是家风的集大成者，两者相互依存，在共振中推动着时代洪流滚滚向前。

俗话说："三代人才能出一个贵族"，我深以为然。这句话不但道出了家族兴旺的客观规律，更隐含着家风传承与升华的大历史观。家风的形成是一个长期积累的过程，而它往往又是由两方面因素所共同主导的。首先，家风源于传承，每个人从小到大无时无刻不受到家中长辈们言谈举止、行为处事的影响，这些影响决定了家风的基础。其次，时代的进步将催生出全新的社会文明，每个身处其中的个人又会产生出自己对于世界的新认知和新感受。这些新的变量将不断地为家风的迭代和升华提供新鲜的营养，使家风能与时俱进，保持与社会发展方向和主流价

□ 门里家风

值观的契合。

　　每当我思考自家家风的核心要义是什么时？首先映入我脑海的总是长辈们常对我教诲的那句"己所不欲，勿施于人"，这是一种强调换位思考、以己度人的观念。这一古老而朴素的思想不但在中国文化里被奉为君子的行事原则，在西方文明中也被表述为绅士的基本修养。凡事不只从自己的立场出发考虑问题，而是同时站在他人的角度，特别是利益相关方的角度，去重新审视既定的方案或决策，这一思想观念也一直是我与他人相处的核心法则。在当下，随着时代的变迁、科技的发展，信息传播的成本已经被大幅降低，人与人的连接变得更加便捷和紧密，在这样一个信息社会的背景之下，我会希望后继者们能在长辈们建立的"己所不欲，勿施于人"的家风之上，以一种更积极和主动的态度去完成与他人的互动，例如把自己的重点关切与他人分享，将自身的核心资源与他人融合，在这个 1+1>n 的时代，将"己所不欲，勿施于人"进一步扩充到"己之所长，与人共享"。这样既实现了对已有家风的传承，也实现了对其进一步的发展。通过这样一种方式实现对家风的迭代，可以创造出个人发展与社会进步的协同基础；因为它契合了当下社会发展的一种主流思潮，即通过共享的方式来最大限度地调动社会已有资源，从而实现社会总体资源的优化配置。

　　除了与他人的相处之道，另一个让我铭记于心的家风是长辈们对于知识文化的尊崇，对于诗书传家的追求，他们总是愿意无条件地付出，只希望后辈们能学有所成。也正是基于这一家风的熏陶，我走上了学术研究的道路，并自豪于自己知识分子的身份。同时，在知识不断累积的过程中，我对知识的理解也有了更多的思考，从单纯地渴望与崇敬，到开始辩证地思考，通过从不同角度对知识内涵的思辨，凝练自己的观点看法，拓展自己的认知维度。正是在这一过程中，我更深刻地领悟到要实现从尊崇知识到诗书传家的跨越需要付出怎样的艰辛与努力。这不再只是家风的一次简单迭代，这种升华需要整个家族思想境界的提升。因为知识对人的陶冶是由内而外的，它不单单是为了帮人完成一项理论体系的建构，它同时会塑造人的道德情操和美学素养，而这正是个人修养以及家族风貌最直接的体现。因此，从尊崇知识到诗书传家是一个从地基到大楼的构建历程，需要家族中一代代人以其为共同愿景，不断地为其添砖加瓦。而行走在这一漫长的历程之中，每一个受到这种家风感染的成员，又会从中汲取营养，从作一个具有思辨精神和审美能力的个体开始，逐步汇聚成托举整个民族综合素质提升的磅礴力量。

常言道：家是最小国，国是千万家。一个自信而强大的国家必然是由万千个高尚而独立的家庭所供养出来的，所以孔夫子才会总结出："修身、齐家、治国、平天下"这样一种社会运行的逻辑链条。因此，通过寻求家风与国风的契合点，开创出家庭与国家在精神层面的协同模式，才是实现个人发展与社会进步双赢局面的最优方式。

谈到家风与国风的协同，我脑海中联想到的是力学研究中的一个基本概念：共振。而要理解共振效应，首先需要了解固有频率这一力学系统的根本属性。固有频率是由力学系统本身的质量和刚度所决定的，正如下图所示，当外界的激励频率与系统的固有频率达到一致时，系统就会出现共振现象，即系统的振幅会达到峰值，这将使得系统能最大限度地释放出其蕴含的能量。

自然科学与社会科学看似泾渭分明，两者之间却存在着各种潜在的

□ 门里家风

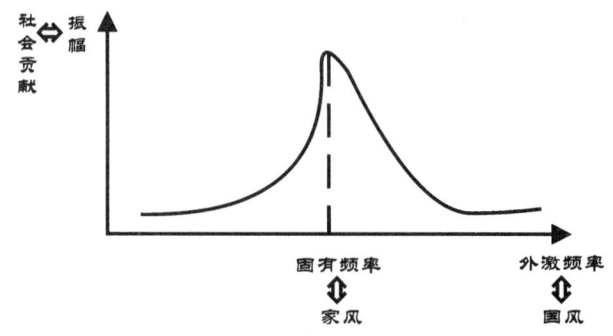

共振含义的介绍与类比

联系，自然科学中的概念往往会在社会科学中以另一种极为相似的形态出现。类似于固有频率之于力学系统，家风之于个人也具有相同的特性。家风是家族成员共同认可的最基本的价值观和方法论，它是家族成员的精神底色，它通过家族中长辈们的言传身教而代代相续，又会随着时代发展由家族中的后继者们不断迭代和升华。每个人耳濡目染的家风架构了其立身处世的基本原则，决定了个人最根本的道德标准和行事逻辑。

当家风可以被理解为个人的固有频率时，那么个人所处的国家形态和社会环境就犹如力学系统所受的外部激励。若国风与家风相互背离，这就好比上图中，当力学系统受到的外激频率偏离其固有频率时，系统的振动幅度会逐步减弱，系统所蕴含的巨大能量则不能被有效释放，整个系统处于一种被抑制的状态。换作个人，在这种情况下，会倍感立身原则与社会逻辑的格格不入，最好的选择也只能是在岁月蹉跎中恬淡自持。而这一现象对于具有隐士文化传统的中国人来说更是如此，华夏民族拥有"穷则独善其身，达则兼济天下"的思想传统。当社会风尚与自身家风不可调和时，古代先贤们的应对之策往往是隐藏光芒以安贫乐道，回到一种诗书做伴、施教乡里的田园状态，但内心却常怀"处江湖之远则忧其君"的抱负与感伤。而相对地，当家风与国风所倡导的价值理念相互协调时，就会出现家风与国风的共振效应，这样会使得个人的才华被最大限度地激发，并同时促进国家的发展和社会的进步，开创出新时代"河清海晏，天下一家"的盛世景象。

　　财富止于三代，家风绵延千年。家风是一个家族的文化底蕴，是家族成员的情操，更是凝结成民族气质和国家气魄的核心元素。让朴素而高尚的家风代代传承，使与时俱进的家风与国家发展和社会进步协同共振，将家族的兴衰与国家的命运紧密相连，愿天下炎黄子孙们同心协力，共同弘扬中华优秀家风国风，一齐书写出民族复兴的光辉篇章。

□ 门里家风

老樊油茶

东　方

清晨的阆中古城，在一缕柔和阳光的透射下撒着淡淡的氤氲。因她那环山抱水的独特风水格局而呈现出一副清逸缥缈的仙韵。

古城最东边便是大东街。按照古人建城的模式，内之为城，是用城墙围起的地域；外之为市，即进行商贸交易的场所。"日中为市"。这大东街在古时便是外廓之"市"。

难怪这里的商铺一间一间地，没个空闲：卖小吃的、卖杂货的、卖饮料的、卖药的、卖特产的、沐足的（阆中出产著名的保宁醋，所以醋泡脚在当地极为流行）……

"老樊油茶"，这间铺面夹在它们中间，既不显眼又显眼。说它不显眼，是因了它的"貌"，说它显眼，是源自我的心。不知为何，第一眼见到它，心里便"咯噔"一下。

难道是前世的一个约定？

出来旅游嘛，品尝当地的特色小吃是必须的。阆中的小吃有很多，张飞牛肉、保宁蒸馍、锅盔，再有就是油茶，当地人最常吃的早点。

这一天同行的另外两位有事先走了，剩下我自己，一早（八点多了，可不能算早）就踏进了"老樊油茶"吃早点。

二十来平方米的铺子虽说不算大，可摆的台子少（好像就两张吧），倒显得有些空荡。夏日早晨的阳光挺充足的，可窗户开在背街那一面，又不大，铺子也就显得暗淡了些。

灶台边立着一个中年汉子，年纪约在四五十之间，圆圆的脸庞透着憨厚。除此，浑身上下便没有一点儿值得描述的特征了。不用说，他就是这家的店主老樊。

上午八点多，大部分人都已吃过早饭各自忙去了。所以店堂很空，油茶也卖得差不多了。

老樊忙着招呼我坐下，两手熟练的操作起来。

先从锅里盛出一碗黄澄澄，热乎乎的油茶，用调羹依次拣着配料：冬菜、碾碎的花生米、白芝麻、葱花……

要辣椒油么？没它不那么好吃噢。

我点点头。

一大碗配置完毕的油茶摆在我面前。

老樊用搭在肩头的毛巾擦擦额上的汗，又迅速地搭回原位。

那毛巾是白颜色，虽然有些旧，却很干净，没有多少灶台的油光，可见是勤洗勤换的。

紧接着拿出一篮子炸好的馓子（长短粗细如人的小手指）

放多放少自己随意啊。

我随手抓了一把馓子放在油茶上，正准备搅拌在一起。

别，别，别！他有些着急。

□ 门里家风

油茶不能这么吃,那馓子的酥脆感就没了。

于是他示范给我看:馓子堆在碗面的一边,调羹自碗另一边的边缘开始下手,一勺下去,送入口中的半是油茶半是馓子。那馓子脆、香,油茶柔、润,阴阳和合,刚柔相济。

就这么一勺一勺地吃着,一阴一阳地交融着。一碗油茶下肚,舒心爽气!

老板,你这油茶真好吃,这是我的真心话。

老樊憨憨地一笑。

祖上传下的手艺,到我已经是第六代啦。

六代?我估摸了一下,那怎么的也得是清咸丰、同治年间吧,一百多年了。

老樊还说,他每天只卖一锅油茶,大约十斤左右,卖完就关门。

那一个下午不就没事干啦?

不不不,老樊一个劲地摇头。下午开始要备第二天的料:选拣豌豆、冬菜、芝麻、花生,质量差一点的都要剔出。

晚上八九点钟就得睡觉。那是因为凌晨四点多就要起床,先是和面、醒面。和面要用盐水,醒面要抹一层薄薄的菜油——当然那菜油质量必须是上好的。冬天冷,一个多小时面才能醒好。然后盘面,从藕节大小盘起一直盘成小手指粗细再下油锅炸至焦黄,起锅装篮。

女主人负责磨米。祖上传下来上百年的石磨子咿咿呀呀地转着,米浆不停地流淌着。加上清水边搅边煮,渐成糊状,然后加少许糖汁,这样油茶的颜色便深黄,便诱人,便可口。

这一切都忙完,铺子也就开张了。

我想出了很多省事的"聪明"办法给他支招:比如馓子不需要天天

炸，一次炸它三五天的放起来，反正都是凉的。又比如，磨米不要用手工石磨，用机器一打就完事了……

那不行，吃起来就不是那个味道了。老樊淡淡地笑着摇头。

一位老人进来，手里拎着个大大的搪瓷茶缸，和老樊有说有笑地打过招呼，两碗油茶倒入缸中，又抓了一把馓子，塞给老樊四元钱走了。

这么精致的原料，这么繁杂的劳作，就卖两块钱一碗，怕是成本都收不回吧？

我掏出五元钱递给老樊，告诉他不用找了。

他很坚决地从装满零碎钱的铁盒子中翻出三块钱给我。

我突然问了一句：你的孩子多大啦？

正在上学呢。

至于他几个孩子，男孩女孩，读中学还是大学，我都不想再问下去了。只是觉得这些孩子将来可能不会再接续这门祖传的手艺了。

离开铺子没几步，身后便传出了咣咣当当的关门声。

我没有回头，只觉得那声音像一声厚重的叹息。叹息着百年的传承，叹息着千年的古风，叹息着世代相守的天道人伦。

几年后再去阆中，已找不到"老樊油茶"了，取而代之的是一间卖旅游产品的店铺。我问了附近好几个人老樊一家去了哪里？他们都摇头。

……

> 素手磨百年，传得孤香味。
>
> 油炸狂澜作沧海，莫道晨光贵。
>
> 老樊不倦春，偏是容颜碎。
>
> 一分纯情一分痴，谁解其中味？

□ 门里家风

家教家风与阆苑书香门第

刘先澄

古人为防止蠹虫咬食书籍，便在书中夹一种芸香草，书籍打开后清香袭人，故称为"书香"。后以"书香门第"指代有"书香"的读书人家庭。在先辈读书人影响下诗书传家的科举仕宦家族，更被认为是典型的"书香门第"。

阆中山川形胜，钟灵毓秀，文风鼎盛，人才辈出。在形成文风、培育人才的历史过程中，阆苑书香门第起着重要的社会作用。而书香门第的形成和绵延发展，得益于传承家教家风。

家教即父母长辈对后代子女的教育和影响。不单是知识教育，家教更注重人文礼俗和道德伦理的教养，正如《说文解字》所云："养子使之善也。"在科举时代，以儒家德行修养为基础的"修齐治平"之道，即修身、齐家、治国、平天下的观念和追求，成为家教的精髓。家教一代一代薪火相传，相沿成习，最终形成家庭或家族的思想境界和整体风貌，称为家风，又称门风。

史志典籍中，多有阆苑书香门第出人才的记载。正是家教家风催生书香门第；而书香门第传承家教家风，造就了代代俊杰英才。

一

阆中早在汉唐时期，就广出人才，文以家传，名以才显。

汉代谯玄、谯瑛父子，以文才秀美，不仕伪朝而名满天下，他们当是阆中较早的书香门第了。汉代选官实行乡评里选（地方评选推荐）的"察举制"，汉成帝永始二年（公元前15年），谯玄被推举，由官车送入京城，经对策（笔试面试，正是它孕育了后世的科举）名列前茅，拜议郎之职，为皇帝顾问应对，参与朝政。后王莽摄政，谯玄改变姓名，弃官回乡。而当时公孙述据蜀称帝，接连来聘请他出山做官，谯玄都不答应。巴郡太守章仆转达公孙述旨意："如不肯起，便赐以毒药。"谯玄仰天长叹，慷慨陈词："……保志全高，死亦奚恨！"遂受药。其子谯瑛泣血叩头，愿拿出家钱千万，请求放过父亲。太守说情，终得同意。谯玄遂隐居田野，在乱世中培训儿子们勤习经书。儿子谯瑛后也是著名学者，曾为东汉明帝讲《易》，任北宫卫士令、尚书郎。谯玄父子的博学多才和志气节操，成为后世读书人的榜样，也是家乡阆中的骄傲。

汉晋时期，阆中是巴蜀出人才最多的地方之一。《华阳国志·巴志》列举巴郡包括落下闳、任文公、周群等在内的十三位杰才，就有十二位是阆中人，这与文风家传有很大关系，其中任家父子、周家祖孙都是天文学家。东汉时阆中七大姓的严姓中，有严遵、严羽父子，学行兼优、

□门里家风

德操高尚、家风卓然，是记载最早的阆中籍清官。据《华阳国志》载，严遵通经博学，经推举策试，任扬州刺史，清正廉洁，为政宽和，仁惠爱民。朝廷几次调严遵升官外任，州郡官吏及百姓都云集城外，塞路阻车，不肯放行。皇帝只得下诏，让他继续留任。直到连续任扬州刺史十八年后，严遵病卒于任上。官吏、百姓若丧考妣，自动聚集送钱百万，欲以赡养其家。严遵的儿子严羽十分优秀，被拥戴继任了扬州刺史。严羽颇有父风，坚决不受礼。送钱的百姓和官吏只能作罢，效法严氏父子，没有将钱收回去，而用来周济穷困的行人。

唐代已实行分科考试遴选人才的科举制。阆中人尹枢，从学童到古稀老人，读了一辈子书，终于在已逾七十岁时唐德宗贞元七年（791）高中状元。尹枢凭优秀的答卷《珠还合浦赋》，以及帮助主考官评卷的卓越才能，"自放"而公认成为状元。当时的大诗人卢纶写了一首诗《送尹枢、令狐楚及第后归觐》，描写了德宗皇帝宴请尹枢等新进士的盛况，"贡文齐受宠"，试卷文章受到皇帝赞赏；"争迎陆与潘"，卢纶邀请尹枢二人到自己家乡做客，说人们将会像迎接晋代著名文学家陆机、潘岳那样来欢迎你们。诗中描写，可见对其才能的评价非常之高。尹枢数十年刻苦攻读和修身养德的榜样，极大地鼓励、影响了弟弟尹极，在二十二年后的唐宪宗元和八年（813），已经七十多岁的尹极又高中状元。古代有文才的年轻俊秀，常被尊称为"凤"。年逾古稀的尹氏兄弟被世人尊为"梧桐双凤"，应是对他们的特殊褒奖。尹氏家教家风，造就了这一双从阆中平民街区飞出的"老凤"。

二

说起家教家风造就人才，北宋阆中"三陈"家族最为典型。

据《陈氏英智户十修族谱》载，三陈高祖陈翔，忠贞正直，唐末助王建入蜀，任军营参谋兼长书记。因反对王建据蜀自立称帝，被挤出中枢，外调任阆州新井县令。陈翔"见王建执迷不悟，遂弃官，家保宁之阆中"。陈翔诫子孙读书修身，但须在"明天子在上时，方可以出而仕矣"。后代们忠实地践行先祖告诫，在五代十国战乱时期，其子陈诩、孙陈昭文，均未走上仕途。直至其曾孙陈省华，带三个儿子陈尧叟、陈尧佐、陈尧咨隐于阆中南岩石窟攻读砥砺，到宋朝建立、世事昌明时，才应举入仕。陈氏"不求金玉贵，只愿儿孙贤"，将刻苦勤奋、忠君爱国、尚文崇德的家风门范，一代一代传下去，终于造就了巍科重臣，朝中鼎鼐。陈尧佐先于太宗端拱元年（988）中进士，官至宰辅，为北宋一代名相；尧叟于第二年（989）中状元，亦官至宰相；尧咨在真宗咸平三年（1000）又中状元，文改武职，官至节度使。三兄弟两状元一进士，父子四人同朝，极为时人艳羡，世称"三陈"。人们称颂三陈父子的学问和政绩功业，更深入思考三陈家族何以能成功？终归认识到家教门风的重要，高度赞扬陈氏家教极严、陈省华与冯氏夫人教子有方。阆中陈氏教子的故事千古流传，仅举几例：

陈省华夫妇怕儿子们染上纨绔子弟的恶习，刻意避开城市喧嚣，送三个儿子到阆中城郊南岩山洞读书，请流落在此的南唐高士安作老师。

□ 门里家风

　　课余时孩子们须拾柴抬水，种菜务瓜，自己做饭洗衣，还须在寒冬酷暑、风雨冰雪中历练。遇嘉陵江涨水，家中送粮接不上时，还得尝尝饿其体肤、野菜充饥的滋味。三个孩子从小就在艰苦环境中勤奋学习、顽强锻炼，立下怀仁济世的雄心壮志，为日后登科进仕，打下扎实的基础。陈尧咨以射箭自矜，看见卖油翁从钱孔注油不湿的绝技，悟出熟能生巧、须戒骄戒躁的道理。欧阳修据此写成《卖油翁》故事，至今载入教科书。

　　陈家循规守礼、勤劳简朴的家规，在儿子们成家立业后讲究更严，行止皆不得逾矩。他们当了朝廷高官，回家在父母面前依然恭言谨语，侍立在侧，十分孝顺。家里来了客人，见已是高官的尧叟、尧佐、尧咨侍立在陈省华夫妇身后，客人坐着很是不安。省华说："小辈站着陪长辈，不是很正常吗？"陈省华妻子冯老夫人带头清廉持家，每天带着儿媳妇下厨做饭，饭菜简朴，不许侈费。大媳妇马氏向丈夫提出要求："我乃宰相夫人，在娘家从来没煮过饭。给你爹说说，免了我天天下厨吧！"尧叟忙摇头说："父母要求勤俭，我不敢。"马氏便回娘家哭诉，其父马尚书把女儿的要求直接向陈省华说了，陈省华道："没人让她一人做全家人的饭啊，她只是跟着我那老妻在厨房打个下手而已。她不打下手，难道让她婆婆一人操劳？"马尚书一听老夫人还亲自主厨，只好说："这确是我说的不是了，小女就烦亲家多多指教吧。"

　　儿辈身居要职，陈省华夫妇更重视官德教育，要求他们持正修身，善政施仁。一次陈省华听仆人说，家里一匹劣马被陈尧咨牵出卖给一个商人了，就马上召来儿子，严厉批评："那匹马性情暴躁，不能驾驭，踢伤咬伤了很多人，我们家的人都不能制服它，商人又怎么能养它呢？

你身为翰林，怎么能把祸害转嫁给别人啊!"说罢赶紧命人去追回劣马，并退钱给商人。他告诫家里人，要把那匹马养到老死。史书上还记载一个著名的故事，一次陈尧咨从荆南知府任满回家，冯老夫人问他：你身居一郡之长，有何政绩？尧咨得意地说："荆南地处要冲，迎来送往官员很多，我常在宴会上表演射箭之术，客人们没有不称赞我是神箭手的。"老夫人听后大怒，责骂道："你父亲教你忠孝辅国，如今你身为朝廷大臣，不以施仁政为己任，竟以炫耀雕虫小技为乐，怎么对得起你父亲呕心沥血的教导呢？"说完，举起棍棒就朝尧咨打去，把皇帝赏赐给他的"金鱼袋"都给打碎了。

司马光称赞说："三子接踵为将相，子孙繁衍，多以才能致美官，棋布中外，故当世称衣冠之盛者推陈氏。"元代著名戏剧家关汉卿将陈氏家教故事编成戏剧《陈母教子》，流传久远。陈省华夫妇家教故事更教育砥砺后嗣子孙，陈氏代代有杰才俊彦登科入仕，成为光耀桑梓的科宦望族。据笔者从《陈氏十修谱》统计，陈尧叟有四子十一孙，尧佐有十子三十四孙，尧咨有七子十四孙。三陈子辈二十一人，基本上都有科举功名和官职，而且大都在任职于中央朝廷，形成了自陈省华算起四代为官，四世同朝的显赫家族。至孙辈，登科入仕者亦多。家风传及族亲，三陈叔父陈省恭之子尧封、之孙陈渐，父子曾一同参加廷试，陈渐中进士，而父亲落选。陈渐坚持长幼有序，力辞不就，请求擢选其父亲陈尧封，皇帝为其孝心所动，欣然应允，陈渐只作了个天水尉。陈渐从小以文学知名于蜀，当时读懂并通晓汉代扬雄《太玄经》的学者极少，陈渐的相关文章推荐到朝廷，皇帝特召他到学士院考试，授仪州军事推官，后官至耀州节度推官。三陈后裔在宋代之后，历朝知名者不乏其人。尧佐后嗣迁居南充的陈以勤、陈于陛父子,在明朝万历年间,相继高中进士,出任宰相。

三

宋朝阆中首推陈氏;到明朝,则是鼓楼山(今属阆中市治平乡)任氏,家教家风育才荣族,被誉为明代书香门第"阆苑第一家"。

任氏入阆始祖任潮海,明洪武九年(1376)"以都宰(都尉)统军治任巴北",退休后落业阆中。传至曾孙任让,成为读书人,由贡生举明经,"任黄梅县丞,摄县事"。这位代理知县政声卓著,乐于助困,公正清廉,退休归阆时,"行李萧然"。明嘉靖《保宁府志》载,黄梅县为其"建祠祀焉"。一个七品县官离任后被百姓建祠祭祀,实属罕见。然而任让一生最大的功绩,是立家训、家规十八条,严家教,树家风,"杜门教子",成就斐然。他的儿子任仪,成化二十三年(1487)进士,授御史。五个孙子有四位科举成名,相继为官。其中任维贤为明正德九年进士,授陕西湖广五省总制,都察院右副都御史(正三品);任企贤为嘉靖四年举人,固元知府(四品);任希贤为举人,保宁府学教授(正七品);任仰贤为贡生,汝州府同知(正五品)。明嘉靖间川北道杨瞻在阆中城竖"经元翰林""豸绣进士""发轫都宪""双凤坊""父子联芳""聚星联耀"等六座牌坊,都是为表彰任仪父子、任维贤兄弟。

任氏家训把"敦孝悌以笃天伦"摆在首位,忠孝传家也是家风的核心。御史任仪,公正廉明、不畏权贵、刚正不阿,两次秉公而得罪大太监刘瑾，两次被贬官，仍公忠持正，无论职贬职升，都政绩卓然。任维贤耿介正直、公决果断，因忠贞爱民，多有政绩而授予"总制五省"之职，位高权重。难得的是，他崇尚道德伦常，"敦伦睦族"，母亲丁忧，守制期满，继续守孝，不再出仕。分家时他将祖产全部让给弟弟，族中孤女出嫁时，还捐出家资做嫁妆。地方官和乡民邻里都称颂他是"士大夫楷模"。他的几位弟兄都忠孝可诵，任职各有功绩。

任氏家训要求子孙"修实行以端人品，戒奢华以崇节俭"，把养德和勤俭作为人品之根，勤政和清廉当作为官之本，严禁贪财奢靡，任氏子孙都谨遵躬行。《保宁府志》载：任维贤"历任三十年，清白自守，家无余积"，当了三十年官，曾管辖五省军政，而离职时家中没有存银，家中除必要的生活器具外，无任何多余财物。任企贤任固原知府，刚正严明、居官清廉，为民造福，多有恩德。难得的是在生活中品行端方，传为佳话。《阆中县志》载，企贤年少时，长辈为他聘了廖氏为妻。这廖家后来很穷，廖姑娘长得又丑陋。到成人时，人们议论：企贤身居要职，父子都是有名的高官，这廖家女儿不合适啊！任企贤却说："这是命运的安排，若嫌弃她，既不祥，也不义。"竟不顾世俗非议，把廖氏女娶回家。

坚持耕读传家，"勤学问以光祖宗，勤耕织以丰衣食"是其家训的重要内容，规定"子弟不问贤愚必送读书，当要身体力行，以重实学"。前辈出了任仪、任维贤兄弟进士举人、高官名宦，后嗣子孙代代敬祖效贤。从明代中期算起，至清初百多年，任氏家族出进士六人，举人贡生十多人，成为明代阆中著名的书香门第。其中任维贤之子任淅生为贡生，官至山东布政司参议。任维贤长孙任应征为明万历十一年（1583）

进士，官至陕西巡抚（从二品）。任维贤曾孙任道久为"恩荫国学生，诰赠文林郎"。任维贤玄孙任栋，叙州府推官，知蒲圻县事。绵延到清朝，任维贤玄孙任栋之子任遡昉，清顺治十五年（1658）进士，蒲圻县知县。任遡昉侄子任兰枝，清康熙五十二年（1713）癸巳恩科榜眼，官至礼部尚书。任兰枝之子，清乾隆二年（1737）丁巳恩科探花，授翰林院编修。

任氏家教家风，造就十余代子孙登科入仕，任仪、任维贤、任企贤、任应征还被列为乡贤名宦，岂止光宗耀祖，也书香桑梓，给家乡阆中留下育人范例，在科举史上亦堪称佳话。

四

有清一代，因时近记繁，阆中书香门第资料相对较多。比较典型的，要数赁居三陈街的王氏一家，学道街黎氏一家。

清代阆中王氏先祖颠沛流离，由甘入蜀，定居阆中，崇尚文章道德，重视家教，终是科名荣显。据《阆中县志》和《王氏宗谱》统计，王氏从入川第三世孙王璀之后，百余年间出了一进士、五举人、四贡生、七秀才。

王氏子孙勤勉于学，诚实于人，耿介于世，做官的运气却不太好。《阆中县志》谓之"均以科名显而禄命不终"。七世孙王掖，咸丰九年（1859）己未科进士。《王氏宗谱》记载了一段皇帝赐名的佳话。殿试后丹墀唱名时，咸丰帝把"王掖"听成了"王爷"，认为此名不妥。恰正届寅时，天已渐亮，得知他字"旭初"，便依其意，当场钦赐改名为"寅亮"，以王寅亮之名赐进士出身，后又考录为翰林院庶吉士。他算是家族中功名最高的了，可惜因忠厚耿直，不善夤缘，无显贵提携，终是官运不顺，后外迁仅任四川仁寿县教谕。

王氏子孙中最值得称道的，是对文化教育贡献卓越的两任锦屏书院山长。

四世孙王应诏，乾隆三十年（1765）乙酉科举人，三次赴京会试未中，列为"大挑"一等，授代理福建省连城、长泰知县，后补任平和知县。他待人处事，总是以实心应之，天性纯一，诚恳实在。据《宗谱》记载，福建巡抚获罪被查办，发现有王应诏在官场应酬中为巡抚祝寿的诗句，因此被疑为同党，流放新疆伊犁三年。王应昭本来两袖清风，加上穷途潦倒，体弱多病，其子王翰只好放弃已中举人的功名前程，随父入疆，殷勤侍奉，备尝艰辛，常是衣不解带，药必亲尝。直到三年期满，又送父还阆，以孝贤感动了无数人。王应昭经此劫难回家乡后，决心为川北文化教育事业奉献余生。他眼见过去就读的锦屏书院成了荒芜之地，一片凋零，痛心疾首，多次拜见川北道黎学锦，请求在原址恢复重建书院。黎学锦是一位颇有作为、对阆中建设卓有贡献的好官。他重视文教，毅然采纳王应昭和其他乡贤的建议，将在府署之西已颓破不堪的书院迁回古治平园处重建。据道光《保宁府志》载，迁建不仅恢复原有格局，而且"扩其规模，建讲堂学舍数十楹，前建文昌阁、魁星楼"，"院后构池引渠，周绕台榭，置四照亭、石桥等，仿宋文同《东园十咏》诗意，构成十景，蔚为胜观"。还落实了书院田产、房产和膏火资金。迁建过程中，王应昭发挥了重要作用。书院重建落成，黎道台选聘德高

□ 门里家风

望重的王应昭任山长。从此历嘉庆、道光两朝，王应昭主持锦屏书院二十余年，为阆中保持川北文化教育中心的地位奉献了毕生的心血和智慧。直到"年八十五，沐浴、整衣冠，（在书院办公处）端坐而逝"。

七世孙、王寅亮的弟弟王扩，乃王应诏的曾孙，是王门又一位对锦屏书院和阆中文化卓有贡献者。王扩咸丰八年（1858）在四川乡试中录为副贡第一，经廷试可候铨（等待选用）直隶州知州。当时"候缺"者非常多，很难补上实职，所以回到家乡。他效法曾祖，修文执教，先课读侄辈，后执掌锦屏书院。《县志》记载，他主讲锦屏书院时，教导学生衡文务实，崇尚真理，使书院的学习风气有很大的转变。他"生平性抗直，行高洁，官府待之敬礼有加，扩亦未尝一干以私，洵士林中之楷模也"。

故居在今学道街1号的黎献一家，也对地方文化教育做过很大贡献，清代中后期出过三进士、九举人、十一贡生，黎献也是著名的锦屏书院山长。

阆中史志中可以看出一个突出的文化现象，即贫穷和灾难困厄，难不倒秉持家教家风的书香门第，再困难也要教子弟读书上进，多有寡居女性撑持门风的载记。阆中黎家就是典型一例。黎氏入川先祖黎元恭，明末由陕西庆阳知府升任川北道，在战乱中殉职于苍溪战场。其子黎尧天在战乱中卖卜为生，定居于阆。艰难生计不废读书，三世黎骞考中康熙十八年（1679）己未科进士。四世黎瑛、五世黎原豫均在乾隆间考中举人。黎原豫，在幼年时父亲就去世了，其母刘氏还年青，守节不嫁，以女红针黹、帮人洗衣维持家计，千辛万苦还教儿子读书。所以，原豫特别孝敬母亲，人称至孝。他读书特别刻苦，才智过人，二十岁考中举人。未久母亲去世，黎原豫痛不欲生，伤心至极，竟投嘉陵江自殁。知县旌表其门，誉为大孝。原豫辞世后，留下三个年幼的孩子。他的夫人是举人刘承莆之女。刘夫人与她婆婆刘老夫人一样，历尽艰辛维持一家人的生活，再苦也要教子读书，对三个儿子"督课甚严"。最大的儿子黎献在父亲辞世时才十四岁，在刘夫人教导下读书特别用功，先考中秀才，又由"廪生"而考为"恩贡"。为帮助母亲、扶持两个弟弟，黎献开办私塾授徒，同时也督教弟弟读书。在母子俩精心培育下，二弟黎怀辛酉科（1801）中举，三弟黎靖庚午科（1810）考为四川乡试头名解元，苦读十年在庚辰科（1820）更高中进士。黎献执教有方，声名大著，于道光元年（1821）举为孝廉方正，聘为锦屏书院山长。自四世黎瑛算起，五世黎原豫和他的三个儿子，祖孙五人在两代刘氏婆媳的督导之下，全都登科中举，六世最小的黎靖更金殿唱名。于是黎家成为驰誉川北的书香之家。《阆中县志》说："门弟子之盛，一时无两。"

黎家最为突出的，是黎献的女婿金玉麟，在家教门风熏陶下，不仅登科授官，还成为了不起的诗人。金玉麟原籍辽宁义县，道光间其父为维州（治所在今天四川汶川西北的薛城镇）守将，在戍边战役中阵亡。十六岁的金玉麟只身飘流到阆中，锦屏书院山长黎献发现收留了他，供其读书，成为其得意门生。成年后，招赘为女婿。玉麟刻苦攻读，24岁中举，30岁中进士。先授任兵部主事兼上谕处行走（相当于皇宫秘书）。后迁任陕西定边、澄城、渭南知县，升宁羌州知州。同治二年（1863）太平天国起义军一部攻陷宁羌，玉麟以身殉职，时年五十五岁。太平军在其棺木上贴纸大书："此好官也，该士民应将其灵柩好为照护，妥送回籍。"金玉麟著有《二瓦砚斋诗钞》十卷，录诗1141首，词46首，

□ 门里家风

是已知写作最丰的阆中籍古代诗人。其人生经历在丰富的诗作中多有反映，当时名人评价其诗为"引领风会之作"。其中记述读书、应考的诸多诗作，是研究清代社会状况、特别是科举和阆中地域文化的重要资料。

家教历朝生杰士，文兴九域赖门风。

世事沧桑，科举已成为史话，教育已相当普及。今天家家有读书人，书多了，坚持认真读书的人却似乎少了；已无须再夹芸香草，书也不那么香了。"书香门第"只是对前人的描述，远没有"富二代""官二代"的叫法吃香。可喜的是，新时期新思想的大旗已经高扬，倡导阅读、弘扬优秀传统文化已经成为国策，"天府书香"和"千年古城，万家书香"活动持续开展，家教、家规、家训、家风正在大力提倡。阆苑灵山秀水，孕育当代人才的故事，正在被发现和彰扬。相信阆苑家风的文脉，一定会不断绵延光大，一定会不断涌现无愧新时代的阆中才杰、家国栋梁。

门里家风

中篇

论道德沦丧与道德重塑

邱述学

引论

道德是一个古老的话题,他植根于人民的心中,而以"仁爱"为表现的"善""恶"之观念。

我国伦理学沿革于周季,以儒家为大宗,墨子的"兼爱"提出挑战,《老子》道德观"自然"法则,也以"仁义"道德并称。汉武帝罢黜百家,独尊儒术,而儒家言始为我国唯一之伦理学。这里显然看出是汉武帝的个人崇尚。

西方学者,斯宾塞尔主张进化功利论,卢梭主张天赋人权论,尼采的主人道德论影响我国学界。

马克思主义的伦理观指出:"道德是社会意识形态之一,是由一定社会的经济基础所决定,并为一定的社会经济基础服务的,那种永恒不变,适用于一切时代,一切阶级的道德规范是根本不存在的。"①

从伦理道德发展的进程来看,各历史时期、各国对道德的认识有不同的看法。从中国古代的道德观来看,"仁爱""兼爱""自然"的道德观,直到现在仍有借鉴之处,也适合人类共同发展的准则。西方的"功利""人权""主人",这些观念强调人本体意识,有他的合理成分。"马克思主义的道德认为,凡是有利于社会进步和社会发展的就是合乎道德的,反之就是不道德的。"②

党的十八大提出,倡导富强、民主、文明、和谐,倡导自由、平等、公正、法治,倡导爱国、敬业、诚信、友善的社会主义核心价值观,无疑是适合中国社会主义意识形态的培育和精神文明建设的需要。

然而改革开放近40年里,道德意识逐渐沦丧变质与异化,诚信、善良、守信、公正、平等、民主、自由等犹如口号。社会上出现"黑白"不分,"正义"难张,"邪恶"挡道,人民怨声载道,屈指一算,道德沦丧至少倒退几十年。以前年代的诚实、善良、守信、忠诚、友爱等,似乎被"金钱"风一扫而光,被"欲望"膨胀吞噬,那些金钱、权力的欲望是永远填不满的黑洞。

这是笔者要论证的道德沦丧与重建道德的理由,担当者勇敢地站出来,去追回那一方道德的净土。

---

① 刘延勃主编:《哲学辞典》,吉林人民出版社1983年版,第255页。
② 同上书,第657页。

一、道德沦丧的原因和表现

(一) 道德的起源

据《中国伦理学史》载:"伦理学说之起源,伦理界之通例,非先有学说以为实行道德之标准,实论理论之现象,早流于社会,而后有学者的观察,研究之,组织之,以成了学说也。"①

伦理学起源不是学者发起的,而是社会不约而同出现的一种维持秩序共同遵守的一种现象,比如:团结、友爱、尊老爱幼、互帮互助、爱家、爱国家等行为。后来才有学者去归纳总结出条理来,就成为所谓的伦理道德。

然后在我国唐虞三代间实践之道德,渐归纳为理想。曾为形成学理体系,而后世有种种学说滥觞于是矣。求助三经解理想:《书》为政事史,表现意志方面,讲道德之理想;《易》为宇宙论,为知识方面(哲学),讲天道,以定人事范围;《诗》为文抒情,讲感情方面,揭示教训趣味者也。这三者是考察伦理形成的主要资料。

我国古代文化虽有五千年历史,但极盛时期出现在周代。从理论萌生,经过浑而画,在暧昧中辨析,而集大成者为孔子也。儒家之言"仁爱"能代表我民族根本理想也。在春秋战国时期的老子,揭示了自然的"天道",稍晚的墨子,揭示了人类的"兼爱"与孔子的立场,在上在下各有异。后来各家学说之消长,学说并兴,尽在情理之中。

---

① 蔡元培著:《中国伦理学史》,贵州人民出版社2014年版,第3页。

(二) 道德规范及标准

道德规范，是人们在道德生活中，应当遵循的行为准则的总和。是一定社会或阶级对人们提出的道德要求，也是道德原则的具体表现。

在我国社会主义阶段，爱祖国、爱人民、爱劳动、爱科学、爱社会主义，是社会主义道德的基本规范。人们以善和恶、正义和非正义、公正和偏私、诚实和虚伪、权利和义务等为道德标准，来评价和约束每个人的行为，从而调整个人和社会以及人们彼此之间的关系。

"马克思主义认为，在历史上，人们的行为，凡是有利于社会进步和社会发展的，就是合乎道德的，反之就是不道德的。"①

改革开放初期，为了解放和发展生产力，人们的爱国、爱社会主义、爱劳动、爱科学的热情突飞猛进，但在社会经济效益好转时，就出现了一些不同程度的腐败、官僚、特权，阻碍了社会生产力的发展与进步，后来愈演愈烈。这种不道德的行为严重影响到整个社会，"金钱""欲望"爆裂膨胀，铺天盖地，形成今天的道德沦丧不可收拾。这是中国最可怕毁灭复兴梦的一幕。请往下看，在改革开放漫长的四十年里，究竟发生了一些什么？

(三) 道德沦丧的表现

在20世纪90年代前后腐败逐渐萌芽，请客送礼、行贿受贿、拿钱买官，奢靡之风盛行。党和国家重视反腐，但出现了既得利益者的抗争暗流，其程度不言而喻。阴阳两面人，暗中行个人之事牟取暴利。在各个领域全面开花，腐败成了猛虎怪兽，吞噬着全民纳税人的财产。其二改革开放40年体制改革未动，固若金汤，越来越庞大臃肿无作为的机

---

① 刘延勃主编：《哲学辞典》，吉林人民出版社1983年版，第657页。

构，犹如压在人民头上的大山，像寺庙被供奉的菩萨。其三腐败表现有三个方面：教育、医保、房产，上学难、看病难、住房难，犹如三把利剑，导致道德沦丧至少倒退几十年。扬"善"无力，"恶"暴天下，人民义愤填膺。我们在实际社会中看到道德沦丧的现象只是表面。

据中央纪委监察部公布2017年反腐案件统计，2017年处分部以上干部58人，全国纪检机关接受信访举报273.3万件，处置问题线索125.1万件，谈话函询28.4万件，立案52.7万件，处分52.7万人，（其中党纪处分44.3万人）。处分省部级以上干部58人，厅局级干部3300余人，县处级干部2.1万人，乡科级干部7.8万人，一般干部9.7万人，农村企业其他人员32.7万人。看了这个数字触目惊心，这只是一年，前几十年的腐败数字都没计算，可见中华民族自5000年来创下腐败历史前所未有的新高。这难道不是走向道德沦丧，道德崩溃的边缘了吗？

还从调查中得知，官员无作为现象较为普遍，百姓见官难，投诉难，献策难等等，天门已关闭。掠夺百姓财产有之，冤枉案件有之，震惊全国长春长生疫苗案等不胜枚举，一道官僚墙把百姓隔在墙外，网络信访如摆设，社会上的丑恶现象层出不穷。张"正义"之举，惩"邪恶"之剑，迫在眉睫。

二、重塑道德

处于道德沦丧，道德崩溃的社会，恐怕人人都要反省，上面找到了道德沦丧、道德崩溃的原因，祸根是极端的"金钱"观，极端的"欲

☐ 门里家风

望"膨胀,过度的"特权",长久得不到遏制,所以发生道德沦丧道德崩溃,对症下药的良方是:

(一)对传统道德的取向

儒家道德是传统道德的大宗,其余次之。他传播着周代的"礼学"和孔子提倡的"仁学"。照搬是不可能的,吸取精华是可以借鉴的。墨子主张的"兼爱",提倡无差别的爱,把别人的身家国看成自己的一样,主张平等是可取的。《老子》一书反对儒家"仁爱"墨家"兼爱"的观点,主张"无为"而治,不干涉百姓的生活。

法家商鞅不同前者,从历史的观点来考虑当前的政策,从变法本身的政治意义来说,比孔墨老庄都进步。孟子继承了孔子"仁"的思想而有所发展,在政治上,提出了施"仁政"的思想。古代的道德观,一直延续到明清时代都在异变中传播……

取向什么,传承什么?

社会制度不同,就有不同的道德准则。"在马克思看来,道德准则的首要功能是支持现存的生产关系。这种生产关系,在社会稳定时期构成了一定的社会条件,使社会生产力可以在现有的发展阶段得到最大效率的利用和进步发展。"[1]

(二)当代社会的道德价值观

我国进入社会主义阶段,确定了社会主义道德规范,爱祖国、爱人民、爱劳动、爱科学、爱社会主义,是每个公民必须自觉遵守的道德观念。随着改革开放,党的十八大又提出了社会主义核心价值观,倡导富

---

[1] 伍德著:《作为意识形态的道德》,国外动态,2018年,第9页。

强、民主、文明、和谐，倡导自由、平等、公正、法治，倡导爱国、敬业、诚信、友善、积极培育和践行社会主核心价值观。他能代表中华民族人民的心声。

社会主义核心价值观，总结了古今以来的道德准则、规范、标准、适应当代社会主义建设，无疑是可行的，只要努力去践行，就能推动生产力的快速发展，一个富强的中华民族复兴就会早日实现。

习近平主席早在2006年2月17日讲过："我们国家历来讲究读书、修身、从政以德。古人讲，修其心，治其身，而后可以为政天下。为政以德，譬如北辰，居其所而众星拱之。读书即是立德，说的都是这个道理。传统文化中，读书、修身、立德，不仅是立身之本，更是从政之基。"①

这段话不但启示了党政干部，而且启示了人民大众自觉培育社会主义核心价值观，不断学习修身，从每个人做起。

(三) 重塑当代道德

上面明确了当代社会主义核心价值观，是总结了古今以来的道德准则。爱人民、体现了党全心全意为人民服务的宗旨，以人民为中心，这种道德观是建立在人民利益的基础上的。

怎样重塑道德？

可借鉴春秋《大学》提出培育人的道德观念的方式，三条纲领是：明明德、亲民、止于至善，又提出了格物（推就事物的道理）、知致（总结为理性知识）、诚意、正心、修身、齐家、治国、平天下八个条

---

① 习近平著：《之江新语》，浙江人民出版社2007年版，第175页。

目。这是传统优秀文化的部分,归纳起来的道德范围:治国、齐家、修身、平天下,是当代社会可吸取传播的。

当代特色社会主义道德观:爱祖国、爱人民、爱社会主义、爱劳动、爱科学等内容,为社会主义道德准则,全民应该自觉遵守。

但在改革开放四十年里出现不同程度的特权、官僚、腐败现象严重违背了社会主义道德准则,是令人痛心疾首的。

针对违背道德行为的人,应怎样纠正?

习近平总书记,在中央政治局三十七次集体学习时强调:"在新的历史条件下……必须坚持依法治国和以德治国相结合,使法治和德治在国家治理中相互补充。"

根据总书记的讲话和群众的呼声,对严重违背道德行为违法违纪的腐败分子,依德依法强制执行,久治不愈者,可采取"革"的手段重处,对那些轻而偶犯的腐败分子,也可以采取教育加处罚的措施。

重塑道德:发扬传统优秀文化的道德精神,国家层面从"治国"开始;家庭层面从"齐家"开始;个人层面从"修身"开始,结合到十八大提出的社会主义核心价值观,教育全民努力读书,提高品格修养,培育"善行、担当、责任"的美德,爱祖国、爱人民、爱社会主义,为实现中华民族全面复兴而努力奋斗!

良门家风之中国精神

杨 虎

泱泱大中华,上下五千年;纵横千万里,唯有中华魂。

中华魂就是国家魂、民族魂,就是永远屹立于世界民族之林不可撼动的"中国精神"。

中华文明,历史悠久,源远流长,博大精深。祖先造字,人类创举,道法自然,智慧高远。

阆中是中华文明的发源地,多元文明的汇聚地。祖先创造这个"阆"字,既是专指,又有玄意。"阆"字分别由"门"字和"良"字构成,门有家门、城门、国门;良指良知、良善、良心。意指家门、城门连着国门;良知、良善成就良心。这里的良知是关键,它是天道,是本心、道心、本性,是仁、义、礼、智、信。天道作为宇宙最终征服的本原,宁受天地之中正以身。这个中是极,是正的。作为天道的本原真实的、实在的状态,就是一个"大中致正之体",良知就是"中道"的本体。古圣先贤所感悟总结的致良知、致中和、致中正,皆是宇宙人生

门里家风

之真谛，是中华传统文化之根本，是中华民族之精神。

自古医在蜀，易在蜀，医易在蜀，实际在阆中。人文始祖伏羲孕育在阆中，创易立道，开创了人类文明的新纪元。易经云："天行健，君子以自强不息；地势坤，君子以厚德载物。"前者乾卦，代表坚强；后者坤卦，代表包容。整体就是和谐的品格和精神，就是几千年来生生不息、光辉灿烂的中国智慧和中国精神。

历史上阆中曾是巴子国的国都和四川省省会，不仅积淀和传承了丰富的物质文化遗产和非物质文化遗产，还培养出了4名状元，100多名进士，400多名举人。历史上就有无川不成军之赞誉，历次战争中，巴蜀儿女遇强敌而不惧，临死神而不屈，为民族独立和人民解放勇于牺牲，以天下为念，为天下人谋福，千千万万英烈用鲜血抒写的丰碑，就是可歌可泣的中国精神。

阆苑古城，是中国四大古城之一，历史悠久，禀赋独特。这里山环水抱，人杰地灵，物华天宝，天造地设，天人合一，道法自然。天然的太极图格局，读不尽的无字天书。从这里可以走向世界，让世界可以在这里发现中国。规模宏大、保存完好的明清建筑和原生态文明资源，充分体现了祖先无穷的智慧和伟大的中国精神。

人间"天眼"在阆中，唯独阆中有天宫。自古誉为"人间仙境""琅嬛福地"，汉代更是成为世界天文研究中心。以落下闳、李淳风、袁天罡为代表的天文学家，孜孜不倦地探索和研究，先后发明了日晷、月晷、太初历、地动仪、春节。他们既为人类总结发明了天文大数据，也书写了光耀千秋、福荫子孙的中国精神。

五星朗照贯长空，五教和谐佑大同。当今世界冲突不断，战乱不止，究其根本原因是不同文明和不同宗教的冲突。1000多年前，世界五大宗教同时汇聚于一地，和谐相处，没有宗教战争。这是古圣先贤给我们留下的宝贵的精神财富，也是今天实现中华民族伟大复兴和世界大同的中国精神。

仁、义、礼、智、信，忠、孝、廉、耻、勇，中国精神存在于五千年中华文明；追随真善美，弘扬正能量，中国精神储存在每一个中国人的基因里。中国精神是国之栋才与民族脊梁；中国精神是家教家训和家风家道。

《礼记·大学》中说："所谓治国必先齐其家者，其家不可教而能教人者，无之。"家庭的前途命运，同国家和民族的前途命运紧密相连。家是最小国，国是千万家。古语云："忠厚传家久，读书济世长。"家风，中华的缩影，文明的延续。家风相汇成民风，民风相融成国风，家风好则世风正。正所谓"积善之家，必有余庆；积不善之家，必有余殃。"诸葛亮诫子格言、颜氏家训、朱子家训等，都是在倡导一种家风。家风是家族成员长期恪守家训、坚守家规，通过家教而形成的具有鲜明家族特色的家庭文化，是一个家族最宝贵的财产，是每个家族成员自豪感的源泉。家风是融化在我们血液里的气质，是沉淀在我们骨髓中的品格，是我们立身做人的风范和格调。好家风是好家庭的血脉，好家风成就好家庭，好家庭培养好子女，好子女建设好社会。家风纯正，雨润万物；家风一破，殃及子孙，也贻害社会。因此，我们每一个中国人都应从自己做起，致良知、致中和、修身齐家；从家出发，天下为公，世界大同，治国平天下。

正可谓圣人之教，始于五伦；家风之义，本乎五常。虽世界日新，而本性不罔。朱子云："元亨利贞，天道之纲。仁义理智，人性之良。"明德能立，新民可望。家教一兴，兰桂腾芳；家风一振，国运呈祥。家旺则国盛，家兴则国强。天下归心，重构信仰；复兴传统，重铸辉煌。

归仁——仁者以财发身。《大学》讲："仁者以财发身，不仁者以身发财。"意思是一个人如果是仁者，他要有仁爱的心灵，仁者爱人，具有大爱之心。考虑到自己，考虑到别人，这是仁者。他用财富来提升自己的道德，用于修身。

宋朝的范仲淹先生，当时可以说是位高权重，但他自己的生活非常清苦，全心全意为人民服务。他曾经买了一个住宅，是苏州南园这个地方。一个风水先生给他说，这个地方风水好，将来会出很多人才，家族也很兴旺。范先生一听这个话，立即把住宅地捐出来建了学校，为国家培养人才。既然出人才，为国家培养人才多好。有舍才有得，结果他四个儿子都做了高官，有儿子做到宰相，有做到公卿、侍郎，个个都是有德有才。而且范家阴德德萌子孙，到了800年以后，范家还是举世敬仰，800年不衰。

孟子里面有一句话说："为富不仁，为仁不富。"一个人只顾自己利益，不关心别人，这个人一定是不仁。为仁者，像范公不想自己富，而是先天下之忧而忧，后天下之乐而乐，虽然物质生活上不富，但是他的精神生活富有，不是常人所能及。

明朝有一位进士叫袁了凡，他给自己儿子写了一篇家书叫《了凡四训》，里面就讲到"舍财作福。"原话是："达者内舍六根，外舍六尘，一切所有，无不舍者。苟非能然，先从财上布施。"由此可见，无论是修身齐家，还是治国平天下，古圣先贤都是身体力行，率先垂范，谆谆教导我们要从修布施开始，才能成为一个真正的仁人。

归义——义者自利利他。两千年前，梁惠王见到孟子就说，你老人家来我们国家，能带来什么利益？孟子告诉他说："王何必曰利，亦有仁义而已矣。"你讲仁义，那是真正最大的利益。为什么？因为人有了仁、有了义才能够互利，只利他而不想利己这就是仁。

清朝的曾国藩先生，做了四省总督，在汉人里面没有超过他的，在满清政府也做到极点了，在职20年，可是在他死的时候，他家里只剩2万两银子和家乡一个老屋，在省里没有造过一间房子，没有买过一亩田地，做官做到这个样子可谓是清官了。曾先生对他的僚属宣誓：不取军中一钱，寄回家里。几十年如一日，与三国时代的诸葛公是同一风格。

《大学》里面有一句话说得好："与其有聚敛之臣，宁有盗臣。此谓国不以利为利，以义为利也。"当然，对家庭而言，也复如是。曾国藩家族不是聚敛财富，而是守着仁义道德。如果家里有聚敛之臣，一个国家官员只想着搜刮财富、聚敛财富，这个危害比一个偷盗的官员还要更可怕，这会产生民怨。所以，一个国家不能以利为利，应该以义为利，真正的利益是讲求仁义，社会和谐了，人人都幸福。历史上所谓改朝换代，都是因为上下争利。孟子说："上下交征利，而国危矣。"争利国家就危险，真正的君子有大道，这个大道就是仁、义、礼、智、信。

归礼——礼者谦逊自持。《孝经》云："在上不骄，高而不危；制节谨度，满而不溢。高而不危，所以长守贵也；满而不溢，所以长守富也。""在上不骄"是指当官的、富贵的人，在高位不骄慢，那么处在高位也不危险。这是很显然的，骄奢就会有腐化，就会有危险。高而不危才能够常守贵，才能保护你的官位。像曾国藩先生做了20多年高官，实在值得赞叹和学习。

"制节谨度，满而不溢"，你能够节俭，能够修身，能够控制自己的私利和欲望，能够谨慎。虽然富足，但是不会溢出来，就不会破家，不会有危机。"满而不溢"才能常守富。

世界首富比尔·盖茨表示，只留给他的子孙一千万美金的资产和一座价值一亿美元的房子，其他财产全部捐给慈善事业。世界第二大富翁巴菲特常常做慈善事业，自己生活非常节俭，他慈善捐款总额已经达到370亿美元，他把80%至90%的财产都捐作慈善基金，用来做慈善事业。

有千金之产者，必然是千金人物。真正富有的那个人，他肯定有一定的德行，厚德才能载福。这个德行其实是布施，是做慈善的习惯，所以他这一生富贵。这是亘古不变的宇宙定律。

归智——智者把握根本。智慧是什么？懂得抓住根本。这个根本就是《大学》里讲的："君子先慎乎德。有德此有人，有人此有土，有土此有财，有财此有用。"一个君子首先讲的不是财力而是德行。为什么？因为有了德行就有人来追随他，帮助他。

"有人此有土"，过去是农耕社会，土地是最重要的资源，现在泛指一切的资源、资本，帮助你生产，帮助你发展。

"有土此有财"，财富就来了，你的投入就有了回报。

"有财此有用"，关键是会用。怎么用？又反过来帮助你去行德，这就是所谓的以财发身，这是仁者。

那小人正好倒过来，他先追求财富，把德行败了，德行败了之后，财也不懂得怎么用。这使得他自己在物欲追求当中既丧失了德行，也减少了福报，结果还会身败名裂。

比如中国首富黄某，在"2008年胡润套现富豪榜"上，他以135亿元的套现排在第一位，是中国首富。他的经营哲学是什么？他说："人的发展问题看你的贪心多还是野心多，或者霸气多，再一个看你有没有胆量。"结果他因为经济犯罪被捕入狱。这给我们很深的省思："君子先慎乎德"。不是先讲财,"仁者以财发身,不仁者以身发财。"

佛门一位憨山大师,有《憨山大师劝世文》:

荣华终是三更梦,富贵还同九月霜。
老病生死谁替得,酸甜苦辣自承当。
人从巧计夸伶俐,天自从容定主张。
谄曲贪嗔堕地狱,公平正直即天堂。

所以,很多时候在我们不断地向外争利的时候,需要退一步海阔天空,回头想想人生的意义到底是什么?这是根本的智慧。

归信——民无信不立。《弟子规》上讲:"凡出言,信为先;诈与妄,奚可焉。"古谚语也讲到:"君子爱财,取之有道。"这不是说不要赚钱了,而是要求我们在发展经济的时候,要取之有道,这个道就是道义,具体来讲就是仁、义、礼、智、信。不要急功近利,"命里有时终须有,命里无时莫强求。"真正明了人生意义的时候,其实赚钱多少没有什么太大差别,反正你都是为社会做贡献,你赚钱不是为了自己。

像我们共产党为什么能够建立新中国?当时在艰苦的条件下,简直就是没吃没喝了,更谈不上军队。小米加步枪能够打败国民党飞机大炮,为什么?因为他有信。所以"民无信不立",信用之重要我们可想而知。

我们再看李嘉诚先生,华人首富。这个人很讲求生意上的诚信,为什么?他母亲对他从小进行教育,他听话,听话的孩子有福。他母亲教诲他说:"经商如同做人,诚信当头,则无危而不克了。"李嘉诚出身贫寒,没有读多少书,十四岁就出来赚钱,养家糊口了。他父亲早逝,而

□ 门里家风

他自己承担了家庭的经济重担,是一个孝子。努力工作加上孝德感召,所以做生意一帆风顺,最后成为华人首富。

李嘉诚的座右铭:"不义而富且贵,于我如浮云。"这是孔老夫子的话,你看看真正的首富没有把富贵作为第一,而是把道义作为第一。李嘉诚还宣布把个人财产的三分之一注入专门的基金会,作为慈善之用。在过去二十多年来他捐出约77亿元,其中64%用于内地的助学兴教、医疗扶贫和文化体育事业。

养父母之志,这是孝道,这是根本。《大学》里面讲到:"德者,本也,财者,末也。"所以君子先慎乎德,先在自己道德上扎根。李嘉诚先生原来没有财富,很穷。但他有孝德,有了孝德就有了人跟随。他能诚信,他的部下跟他几十年没有离开过。所以德是根本,就像一棵大树,根扎得牢固,枝叶才能繁茂。

《孝经》云:"先王有至德要道,以顺天下,民用和睦,上下无怨。"圣人具有大智慧,他们有至高无上的道德,他们的方法是什么?让天下都和顺,人民和睦,上下没有怨恨,没有民怨,这不就是大同社会吗?怎么做?就是靠孝道。"夫孝,德之本也,教之所由生也。"这是道德的根本,是中国精神的基因密码,这是我们中华民族、家庭、每一个国人成就梦想的金光大道。让我们从心开始,从我做起,从良门出发,践行家教、家道和家风,道贯长空,德润人间,孝行天下,世界大同。

门里家道古阆风

李文明

家道文化是中国传统文化最基本的组成单位和基石。

治家之道，成家之道，持家之道，孝敬之道，和谐之道等是家庭赖以成立与维持的规矩和道理。具有五千年以上文明的古阆中，家道文化十分厚重和丰富。宋代阆中秦国公陈省华一门二相，四世六公，昆学双魁多士，叔伯继率百僚，状元、科第之极选，宰相人臣之极品，当时"史官记之，时人诵之"，"天下皆以陈公教子为法，以陈氏世家为荣"。元代剧作家关汉卿据史演成剧本《状元堂陈母教子》，夸示陈氏科第之盛，赞诩陈母教子有方，对后世产生了极其深远的影响（《宋代阆州陈氏研究》天地出版社蔡东州著）即是家教典范！这里仅引《阆中县志》民国十三年碑记《蔡氏宗祠族规》和民国七年《蒋氏宗谱家训十条》木刻本，以进一步说明门里家道古阆风。

□ 门里家风

《蔡氏宗祠族规》

1. 族中宜各亲其亲，各长其长，敦孝弟以重人伦。

2. 族中宜患难相顾，孤寡是矜。

3. 族中有奸盗邪淫，乱伦败纪者，或逐或惩，决不姑宽。

4. 族中无子者，只宜在本族中承嗣，不准将女赘婿，不准异姓乱宗。

5. 族中出嫁之女，如遇人不淑，当善为处置，勿长女风。

6. 族中俊秀之子家贫不能读者，宜设法供就学，以成其才。

7. 族中孀妇能守则守，不能守者嫁，不准招夫养子，有坏门风。

8. 同姓不准为婚，同族不得以大压小，以下犯上。

9. 族中祖堂只宜看守培护，不准伤害侵占。

10. 族中春秋祭扫，每年派会首轮流经理。

《蒋氏宗谱家训十条》

1. 敦孝悌以重人伦；
2. 睦宗族以敦和好；
3. 重农桑以足衣食；
4. 崇诗书以尊师长；
5. 尚勤俭以制财用；
6. 务本业以定志向；
7. 训子弟以禁非为；
8. 讲法律以儆愚顽；
9. 息诬告以全善良；
10. 解仇忿以重身命。

上述《族规》《家训》，除族规中4、5、7条有封建糟粕不能与时俱进外，其他款条则具有永久的共同意义。

鉴此，这里将本土千百年来族规家道流传不衰，永远融入乡土的家道故事采撷三则于后——

李善人

阆中洪山镇良善垭村是李氏和陈氏两族姓聚居的古老村落。这个村世世代代流传着"李善人"的故事。

李善人系李氏三世祖李天朝，他勤劳智慧，广结善缘。年轻时，有一年遭遇灾害，因言"弭灾施善"却被人误为"冒受斋膳"而遭白眼。

□ 门里家风

他用自己的修为澄清真相,以"良善"规范自己言行。年复一年,立业兴家,家道兴旺,他慈善为怀,善举迭出:

他建庙修祠,修建滴水岩庙宇,修缮东庵、三清宫;

他修桥铺路,兴建了良善河大桥和小桥、坡石梯路;

他救苦济难,为遭受天灾人祸乡邻捐钱送物……几十年如一日。

善有善报,行有所终。李天朝的善举善行,铸成名声,人们尊他为"李善人"。

一人行善,世代家传。

曾孙李贵武,清举人。先后任奉节诸县知县三十年,清正廉明,心存良善,奉节至今存其塑像。

李贵武长子李启瑾,奋发诗书,1902年考取秀才,留学日本回国后,先后任德阳县长、遂宁行署专员,曾出俸银,为歌女吴小筠还债赎身。

族亲李启远,抗日战争胜利时,拒绝日本人行贿金条美女,归田后,助青年求学,帮困难户就医。族亲李文珍、李文庚、李文公三秀才,1915年阆南桥头行侠仗义救少女……

在"李善人"影响下,同村陈氏家族亦良善有加。

陈氏第三代先祖陈杞,曾为保宁府衙师爷,因贤良智慧,有"陈二爷"的雅号。有一年阆中遭受天灾,保宁府税银上缴不足,知府不敢直面上司,陈杞遇难而上,"良言善语"于布政司,终因灾削税。知府甚为感激,让他挑选七里坝好田土为报偿,陈杞谢绝,只求给老家陈家沟因灾削减粮税,知府大人应允,减去7成。村民盛赞"良善垭人出良吏"!

又、晚清，陈氏第九世裔孙陈长文，中举后任重庆、巴南州主簿，为官廉正亲民。暮年归乡，常解囊济危，修桥淘井，行善助人。其胞弟陈长武，1880年中举授南京团练，他惩恶扬善，体恤弱小，在当地颇有声名。

……

时至当今，良善垭村因李善人而名。李善人做人的根本被写进族规，一代代人接力似地传承不衰。

《割股行》诗赞孝道

《阆中县志》卷之二十九，《艺文志（下）·诗（民国）》蒲轮聘割股行赠其妹李蒲氏作：

> 天缺曾杖娲皇补，问谁将天能搘柱？
> 有此节义与孝忠，即是撑天四大柱。
> 我有贤妹幼适孝，高堂视膳奉甘旨。
> 何意二竖意为灾，萱帏获疾卧床第。
> 敦请良医求良方，侍奉汤药必亲尝。
> 月复一月病不起，清夜焚香祷上苍。
> 吁天祈姑病早愈，一泪一珠千万缕。
> 暗试春风快剪刀，甘蹈白刃甘割股。
> 古人主言贵保身，发肤不毁重天伦。

无可奈何事急矣，何惜一胾救慈亲。

割下身边一块肉，肉偕参芩水煎服。

不须向佛念弥陀，延寿一纪膺天福。

可识天心重笃孝，愿彼世人皆则效。

邑人胪实述天阊，纶音飞下辉学校。

吁嗟乎！

天地赖此不倾欹，风化赖此亦维持。

人生百善孝为先，安得九州四海人都如斯！

蒲轮聘，清咸丰辛酉科（1861）拔贡，入仕后任大足县训导，资阳教谕，饱学诗书。其妹妹李蒲氏，婚后其母患疾，蒲氏割股为亲人疗疾，当时受到清光绪朝廷旌表，《阆中县志》卷二十二人士志入载，其兄长轮聘以《割股行》诗赠其妹李蒲氏（《阆中民国县志·艺文》，第812页），颂其孝道。

据蒲氏宅第后裔第九代孙讲起祖上李蒲氏之尽孝道，绘声绘色，滔滔不绝，核心始终不离割股孝母的话题。

淳风村李姓的信仰歌

史载：公元667年（唐高宗乾封二年）。唐太史令、杰出的天文学家、数学家，易学风水宗师李淳风，为他大著《乙巳占》定稿，专访堪舆巨擘相术大师袁天罡。一到阆中，知袁天罡两年前已在阆中仙逝。祭奠之后，便选定阆嬛福地"仙鹤会"的地方定居下来，建六壬坛，设风动标，完成鸿篇《乙巳占》第十卷"风角术"，成为世界上第一个将风定为八级的人。公元670年辞世，葬于圣泉岭下，其子李该（孙李仙宗先后承继太史令）前来祭坟，与当地官吏百姓于原住地修了淳风祠。唐中宗神龙元年（705），唐皇李显特赐当时追随李淳风同行弟子、侍从为李姓，定居淳风村，世代为李淳风守护祠庙墓坛。据家居该村、后为李淳风研究所所长的李永国先生专文介绍，柏垭镇淳风村80%为李姓，自古至今，族规家法特重仁、义、礼、智、信，信仰，取信为要。遗存千余年的李氏家族族谱明确记载：该村李姓25个字派中，每一字派必须有男性最后一个字分别叫乾、坤、宗名；其族谱载，淳风村李氏字派为："隆启登元万，永映三之秀，先开玉林春，天子文品德，国家正朝廷"。凡属20世纪60年代前出生的人，都是严格按照以上25个字派一轮回的方式取姓命名。族规明确：凡居住在淳风村的李姓本族，每一辈人必定有两个男性最后一个字分别叫乾和坤，且终生要以风水阴阳先生为业，而另还有一个男性字为"宗"，主要是任六壬道坛法师，世代传承不辍，严格遵循这一祖训。他在《淳风村八大谜》中说："可考，从万字派后，李万乾因学风水，急着想得到李淳风的风水秘籍，1950年掘淳风墓，被族长罚跪碎瓦爪子，家中也连遭不幸而终生悔恨。李万坤，14岁起学阴阳，18岁参加红军，当了红军团长。李永乾年轻时从业阴阳，后亦参加红军，牺牲于长征路上。李永坤是李姓最后一代风水师，他的后人家中一直保存着清乾隆时期的风水罗盘和照抄的沈竹礽带给的秘籍。族中，李映乾，是承接李淳风仙师最杰出的一位，他相地、驾臭搬尸（处理腐尸和移动尸体）均有绝招，世代传为奇谈。

□ 门里家风

　　说到六壬道坛，每年"二月二，龙抬头"，老淳风乡人都要在淳风祠太极殿前举行"开銮降相"的法事活动。由李氏家族作法传承人做法事，观赏祭拜者人山人海。开始前，殿前摆有三坛酒，又叠加九张方桌，法师一边饮酒，一边念念有词，作起法来，只见他平地腾空而起，飞身跃上九层桌台，信众烧香叩拜，特别是二月二前生养男孩的父母，要问新一年家庭可顺，要问孩子的前程几何？只见法师手书符箓，一一与之，并言上苍所赐。淳风村李氏宗族每一代人都要预选天资聪慧的七岁孩童三位进行培养，最后脱颖而出一位法师，这法师自然勤于道法，又学一身轻功，功夫了得！据当地乡贤讲，末代六壬道坛法师李圆宗，可以一口气喝三坛白酒，上坛身轻如燕，口中念诵神仙名号，法事也做得自然而具神性，颇得乡里信服敬佩。现在八十岁以上的老人一提起他，话匣子一打开，又会将人们带进当年柏垭浓得化不开的民俗信仰文化岁月里。

与时偕行追寻祖先的智慧

——三才书院的实践和感悟

同 人

三才书院之三才者,常人简单认知为构成世界的天地人三要素也。实际上还有更深的含义值得理解和深思。

我们的万千世界,都是由天地和阴阳组成的。

始祖伏羲仰以观于天文,俯以察于地理,"一画开天"而道济天下,成就了数千年的中华文明。其中"一画开天"的"一"字,其繁为"壹",我们可以理解为葫芦的象征,它"上知天文装日月,下晓地理藏乾坤",是我们华夏先民长盛不衰的生命密码,多子多福、福星高照、五福临门,寄托着人们对美好生活的向往和希望。近年来,我们的后世子孙却"数典忘祖"被植入西方芯片的网络、游戏、手机等电子鸦片迷惑,忘记了回家的路;试问苍茫大地,谁主沉浮?人来人往中是手机做了我们的主人,成了我们的父母、孩子和亲人。我们的共产主义接班人

□ 门里家风

一代不如一代的成了低头族、近视眼，看不到星空的美丽！物质生活表面的繁荣，让人失去了方向，掉进了痛苦的深渊，当人心浮躁，大家都钻近孔方兄时；当道德沦丧，全民都不信因果时，终于我们感召来了前所未有的灾难。如果再不去追寻祖先的智慧，真的无路可走了。我们从哪里来？要到哪里去？不忘初心，追本溯源我们才能乘上祖先的"葫芦号动车"与时偕行，到达大同社会的彼岸。

人是生于天地和阴阳构成的大格局之中的一个关键界面。虽然很少，但决定着天与地的分界线，其作用很大，乃万物之灵。

当人类的心过分倾向于地下物质之唯物时，则会毁灭地之万物，由于掠夺和战争还会毁灭人类自身。人类的心过分倾向于天上思想时，则会空有德道之唯心，没有物质世界的表达，世界依然得不到兴衰更替之变化。

只有格物致知，致知格物，在人类既有自身，又能放下脾气，约束自我，服务自我与宇宙的格局下，人类才会是有意义的。天地人三才方可同时具备，形成世界和谐三要素。

所以人类的心会变，一会儿需要一定自我成长的物质，一会儿需要大公无私和谐万物的思想。世界才可万古长存，我在世界在，我不在世界不在（注：我为世界整个人类）。人类是带着成长进化之索取的原罪来之于天地，但我又是带着感恩回报于父母一样回报天地而存在的。

"人法地、地法天、天法道、道法自然"这是几千年前老子的名言，因道而生的三才书院是提升人类智慧的福地，它会讲到一画开天，人祖伏羲的智慧；也会讲到人的价值取向，传承传统文化。更会讲到人类如何看懂格局，服务自我与世界，让世界和谐大同。我们在这个物欲横流，缺乏道德底线的唯物世界里，如何走进心物合一的大同世界。其中锦囊妙计、生肖驿站、好运罗盘、转运葫芦和众多传统文化书籍，都将带给人类满满的智慧，使天下一家亲，让世界充满爱。

三才书院自成立以来，我们以文化自信为依托，以弘德化民为己任，以风水博物馆为载体，累计接待参访游客200余万人，推广销售《群书治要》和《风水宝典》6万余套以及众多的传统文化书籍、举办各类公益讲座1000余场，赠送"弟子规"35万册，"家教宝典"等传统文化光盘20余万张。弘扬了主旋律，传递了正能量。

"既以为人己愈有、既以与人己愈多"，我们感恩祖先的护佑和圣人的智慧，戊戌年孟秋三才书院和陕西周易研究会在阆中古城成功举办了易经文化公益讲座，分享我们的实践、传递祖先的智慧而与天下人会同，来自全国各地的易学大家更深地领悟了自古"天数在蜀"的玄机。

"为天地立心，为生民立命，为往圣继绝学，为万世开太平"是我们追求的终极目标，我们在继续做好现有工作的基础上，发挥书院优势。从2019年起为全国各地培养一批易学、罗经和汉字博士，让文脉永续、国运昌乐。

天有五星耀中华，上下四方皆吉祥；日月为易弘大道，祖先智慧铸辉煌。

□ 门里家风

植物放生与家风建设

王朝治

说起家,都不陌生,他是每一个人都不能缺失、十分珍惜的、绝不愿轻易损毁的地方。无论你官有多大、不论你富贵贫贱、即使你漂洋过海万里迢迢,只要有家就有归宿的期盼,只要家中有妻儿老母的等待,就是你在外拼搏的力量源泉。

家是生命的港湾,在这里源源不断地创造着生命,培育着茁壮的苗,滋养着永续的根,一辈子几代人在家这个有限的"花盆"里生活,在这个有限的空间里成长。俗话说:家是国的基,家人是细胞再生的最强大的基因。

是啊,人和世界上的每一棵小草、一朵小花、每一滴水、每一片树林都一样,离不开阳光、雨露、空气、土壤的生存条件。而家风则是人生中不可缺少的,是渗透在生命全过程中的"土壤、水、空气、环境"等元素的综合,是精神层面的,是哲学意义的,这是生命寻根,人性归元深层次地思考。

佛教界近年来信众们十分重视"放生","放生"的理念源自佛教中的"戒杀护生"的思想。放生这一习俗,有着悠久的历史,而我国大规模放生则始于隋唐时期佛教的天台智者大师。智者大师的"放生"理念其实是"水系方生",即把整个水系保护起来,通过生态保护的措施来保护鱼和众生灵的生命,是最大程度和最根本的保护生灵,是以护生为放生之根本,其结果是用保护大生态环境的放生来实现"好生之德"的目的。

中国改革开放40年,生活是富裕了,但是我们生存的环境、生命的质量、精神营养真的富裕了吗?

生态破坏和生物环境的破坏已经到了我们该唱国歌的时候了。子孙怎么办?我们的民族怎么办?这是只要有一点点思考力的人都明白的严峻问题。我们面对的食品安全问题、饮用水安全问题、药品安全问题、孩子安全问题……这些迫在眉睫的问题,但凡有点良知的人都在思考中焦虑,在担惊受怕中等待,盼望国家如何如何,盼望政府怎样怎样。

我认为这是改革开放以来"唯金钱而荣"的国家家风出了问题。一个家庭家风不正难有"家和万事兴的和谐,一个国家国风不正难有民族强盛之治。"贞观之治"大唐盛世的繁华是国风正、家风仁的结果。

中国现在30后、40后的时代已经过去了,因为他们老了,很多人都走了。50后和60后支撑着大中国的当下,但是他们也会很快就老了,给他们时间也就是10年或20年,超不过30年。70后、80后和90后的时代就要来到了。请问,你是几零后呢?你做好承担这份祖国强盛和民族危难救亡的准备了吗?

你还在等待谁呀?你的孩子在你的教导中成长,你的家庭在你的营造下正形成蕴含着你的思想、作风,喜乐的家风,这是你的精神基因,

□ 门里家风

它将影响你的子子孙孙……

　　破坏容易，放一股污水，放一桶高硫酸，扔一块塑料，扔一个废电池，瞬间实现了自己身边的干净。但是，一块废电池就能破坏200平方米的土壤，据说需要200年这块被污染的土地才能被修复呀；一块塑料，即使埋在土里也是永远不会降解的；伐木、毁树，十年树木百年树人，仅仅几十年，为了赚钱把我们自己生存的环境破坏到连子孙生存的空间都不留的残绝之地，这是何等的悲哀，这样家风构建的国风能给历史留下什么？

　　重塑民族价值观，重构人们的信仰并不需要高谈阔论，我认为只从家庭生活的点滴开始入手，从一滴水，一粒米，一棵小草，一朵小花开始。因为它们本来就有生命，是宇宙万物的基本元素，是构建家风的基本因子。

　　"植物放生"是由中国佛教文化促进会推出的多元化生态放生理念。创始人张英江会长提出的"返本还原，回归放生本怀"，是继承智者大师以"护生"为"放生本怀"的生态放生理念的扩展，也是秉承"人间佛教"思想，实践"佛在人间"的一个创新。假设这种善心爱举的活动从我们每个人身边做起，从珍惜一滴水，一片纸开始，能种草的地方，我们去放生种草；能种树的地方，我们去放生种树；能种药的地方，我们去放生种药，试想你的家里会营造出一种什么样的气氛，会形成怎么样的家庭文化，这样的感觉是金钱、权力、豪车……买得到吗？

　　日本人江本胜用波动理论对水这个最平常的物质做了7年半的试验，最后著有《水知道答案》这本影响世界的书。水是有记忆的，水是可以听懂人话的，水是有灵魂的……人体70%是水，你给自己什么样的暗示和行为都会影响自己的肉体和灵魂。

放生从我们的心开始，它不是仅仅花一点钱放几条鱼，也不是仅仅花一点钱放几只龟。给其生命就是给自己生命，这是一次生命的教育，是一种珍爱生命的洗礼。

张英江会长讲过一句话："凡是人你一定要珍惜自己的生命，因为这一世，你带着一个做人的指标来到人间，如果你不知道做人该怎么做，怎么珍惜生命，你就浪费了做人的指标，你就不该做人，下辈子一定堕入畜生道。"张会长这个提法非常有新意，初次听很震撼，做人不易，带着做人的指标来到这个世间，若不珍惜生命则是对天地万物的亵渎。

家是创造生命、培育生命的地方。家庭环境好不好，家风正不正决定着这个家庭每一个成员的健康、意识、财富和生命的质量。家拥有制造新生命的指标，假若一对夫妻不能生出健康的宝贝，父母长辈又没有培育出优秀的孩子，特别是因为自身的无知或不良因素导致的生命缺失是最大的损失和遗憾，甚至可以说是犯罪。

"植物放生"从自己做起。很多人拿钱买了鱼、买了虾、买了乌龟、买了小鸟，放出去了，这是自以为是的善业。老子《道德经》明示"以善为善非善也，以恶为不善而不为非善也"。这种放生行为却忽略了被放生对象的生存环境，它们的小生命很脆弱，放生只是我们人的意愿，而被放生后的新环境是否适应其生存？它们本来就在淡水中生活，本来就是家养，你把它放到咸水里，或者被污染的水里它活不了。更残忍的是上面在放生，下面在捞鱼，这样的放生，实际上是给那些捞鱼的人创造了作恶和造孽的机会，这叫善吗？更有甚者买毒蛇，貌似你在放生，但是你给社会带来的这份恐惧和不安，甚至还要让人家雇人去打蛇，这是放生吗？我以为这种放生已经变味了，他带着浓浓的铜钱和短视的利己性,这样的放生还值得我们去提倡吗?

天下见过千年乌龟的人少之又少。但是自然中,千年、上几千年的树比比皆是。曾在峨眉山脚下的峨眉山大酒店开会,晚饭后我很悠闲地在院子里徘徊,记得那是十五的月夜,皎洁的月光穿过树枝洒在地上,好似一片银光,微风吹拂着头顶树叶沙沙作响,惬意的我尽情享受着这片宁静。不意间发现树上挂着一块牌——"古银杏树,距今840年"。站在树下的我脑袋里瞬间出现了时光倒流的错觉——800多年,我不由地说:"天呐,800多年,你经历了些什么呀?多少风吹雨打、多少日晒水淹、多少人为破坏、多少自然灾害……不可想象。800多年的古树今天仍然枝繁叶茂,而800多年前的人在哪里?身躯在何方?人呐,拥有高级动物的肉体和智慧,但你有一棵树的生命力吗?你能获得永存吗"?我的心灵被震撼了。我对着树说,我不能想象800多年,你的每一天经历了什么,但是你给我的震撼太巨大了,我永远不可能有你这么长的寿命,但我会把每一天变成十倍的生命价值,这样我才能和你相契,我才能和你相缘,让我抱抱你吧。我登上膝盖高的围台伸开双臂,像抱着一个苍老的老人。我抚摸着它干硬的树皮,仿佛触摸到了一个老农民像干柴一样的手。我把脸贴在树干上,仿佛能听到跳动了八百多年的心脏深沉的颤抖,抬头仰望遮天蔽日尽显着生命的在微风中抖动的枝叶,泪水止不住的涌出来,有一种孩子久逢家中老祖的激动……太震撼了,我从地上捡起一片叶子,亲吻着,心难以平静……我突然觉得人很渺小,生命太短暂了,我们活着的每一天太珍贵了……我活不了800年,但是我见证了一个800年树的伟岸和挺拔,我见证了生命的永存。

今年五月在终南山下,我竟然见到了距今已经2598年,老子亲自种的银杏树。天呐,不可想象,多么久远的历史。这棵树我们10个人也抱不住，虽然树的中间空了，但是树干挺拔枝繁叶茂。陪我们去的师父告诉大家：每人可以品尝三片叶子。三片叶子，一棵老子亲植的银杏树的叶子竟然握在我的手里……心跳骤然加快，手心出汗了，时空仿佛被穿越，我很珍惜地把三片叶子放进嘴里，从来没有想到，从树上直接采下来的银杏叶放在嘴里，竟然嫩到了化渣。（因为我们是五月份去的，树叶放在嘴里就像吃了一根嫩蔬菜，一嚼，竟然全部化成了渣没了）。2598多年前老子亲自种的树，对你的震撼力还不够大吗？它留存的绝不是单纯的树的概念，它是一段历史，是一部史书，是历史长河的见证，更是生命不朽的活化石。

绿化造林，植物放生，要的就是给我们的子孙留下一点记忆，留下一片文明，留下一种精神，留下一些家风的印迹，留下一块生命的不朽。

去做吧！积极地去做这件事吧！何必把结婚这件最重要的事情用昏天黑地吃肉喝酒来表示呢？喜宴结束了，一切都回归到平常。一对新人进入洞房，就意味着二人世界的家庭元素正式启动，熙熙攘攘的婚宴盛况只能变成视频和图片里的记忆。

假设我们把这个形式改变一下，去种一棵连理树，成为你们婚姻的见证，让它带着你们的甜蜜、温情、唇香和对未来生活的美好寄托，让它和你们一起度过每一天、每一秒，并且陪伴着你们新生命的诞生和成长……这棵树就是你家的成员，它将伴随你们夫妻走过几十年，曾经的承诺，爱的生活和对美好生活的期望，都融入这棵树里，人可以衰老，生活可以波波折折，但是这棵树却由弱小成长为茁壮。怀着宝宝去种一棵宝宝树，孩子出生了种一棵成长树，孩子长大了再种一棵状元树，你的家族在这个植物放生的基地，会经营出一小块融进你的家风、习俗、

□ 门里家风

亲情思念和代代传承的文化，这个属于你家的小环境会成为家族永远的精神寄托和无价的财富。

对老人放生一棵长寿健康树，老人走了，这棵长寿树就成了你的思念树，一代一代传承下去，植物放生基地里就有了王氏、李氏、张氏、赵氏的像宗祠一样寄托和思念的地方。假如逢年过节携家老小到曾经放生的树林里看看，到曾经放生的中药基地除除草，浇浇水……父携子效一代一代地传承下去……也许肉身没了，但这样构建的家风习惯永存，这样的传承，多美好，多有意义啊！

小草是最不起眼的，因为他的微不足道常常被忽视。汶川地震时我在那里工作了47天。被地震毁坏的山峦像一个被扒了衣服的男人，裸露着他的肌肉和骨骼。没有草，没有木，几乎没有了生机。但是只要有雨水，小草便从那还流着血的尸体缝隙里倔强地伸出嫩芽，顽强地生长，它用一切方式告诉世界——我还活着！这样的小草精神不值得我们去思考吗？现在的孩子养尊处优没有吃苦耐劳的训练，父母常常为了工作或生意把孩子这颗嫩苗扔给爷爷奶奶或保姆喂养，结果孩子没有陪伴父母工作的辛苦，没有经历挫折和吃苦的训练，没有经历吃亏和贫穷的养成……其结果则是：遇到困难就埋怨、遇到危险就推脱、遇到好处就争抢、有了钱财就挥霍。

总之，植物放生是一种最简单的，最容易普及的，老幼妇孺皆可参与的自然环保义务活动。如果每个人都这样去做的话，这个世界就真正充满了爱，自然能给子孙留下一片蓝天。

信仰是什么，信仰就是我们对美好理想的认知和价值趋向。不要去埋怨祖国不好，也不要去抱怨我们的党。13亿人口从睁开眼睛就要吃喝拉撒，谁能承担这么大的体量而无错？妈妈生一个孩子，六个老人来宠养，完全可以做到骄养和精养；而一对父母养了13亿孩子，她的艰辛可想而知了。

我们这一代生在红旗下，长在没有贫穷和战争动荡的环境中，我们和共和国一起成长，对祖国母亲的亲情和热爱是血与水的融合，我们愿意以生命之力呼吁所有的人，从珍惜自己身边的一滴水、一棵草、一朵花、一棵树开始、从珍惜自己的家的一杯一盆，一粟一米开始、从珍惜宇宙万物的生命开始……这就是欣赏和尊重生命的信仰，这就是最崇高的信仰。不要去唱什么高调，不需要你拿出多少金钱，只需要你开始修炼和明白人活在这个世界上真正的意义，这就是信仰。

信仰在哪里？就在我们手心里。把手心端起来按在自己的胸口上想想我是谁？我为这个生命做了什么。难道活着只有赚钱，不惜一切手段地去赚钱，才是生命的意义吗？有多少有钱的富人穷得只剩钱了，其现实足以证明：钱不是万能的，有了钱没了家妻离子散、有了权没了亲情和友谊、有了钱连一个可以交谈的知己都没有，这样的钱赚了还有意义吗？这样的钱再多，你的生命的价值还有意义吗？

植物放生，是一场自我教育的公共课程，是一场对生命欣赏和珍惜的活动，是一场自觉为子孙留一点什么的自我修行，行动吧！每一个人，每一个家庭用这样一种行动去营造新的环境和生活，去构建美好的家风吧！开始吧，就在当下。

□门里家风

浅谈家风

善 元

有一种文化,从五千年的文明深处走来,带着历史的芬芳。有一种精神,如旖旎的春风,自血脉之初浩荡飘逸,绵延至今。

它是儒家文化的"诗礼传家",它是老百姓门板上镌刻的"忠厚传家久,诗书继世长"。它是我们耳熟能详的"岳母刺字""孟母三迁""孔融让梨"的故事,它是代代传颂的"一粥一饭,当思来之不易,半丝半缕,恒念物力维艰"的治家格言,它就是"家风"。

家风,顾名思义,就是一个家庭或家族以来形成的能影响家庭成员精神品德及行为的一种传统风格传承。俗话说得好:"无规矩不成方圆。"有什么样的家风,就有什么样的孩子。

在我的记忆中,儿时的我,家里并没有硬性的家规条文,最多的就是在成长环境中潜移默化地受父母的影响和言传身教。每逢过年,当一大家十几口人围坐餐桌,总是长辈先动筷,我们才拿起筷子吃饭。那时对钱没有概念,但总记得父母每月都会从几十元工资里拿出十元孝敬奶奶，以至我长大成人后，每逢外出回家，总会很自然地给长辈带点吃穿，成了一种习惯。儿时的我顽皮好动，免不了挨打受骂，父母总是在我一次次犯错后，教育我：不能乱拿别人东西；要尊敬长辈；自己的事自己完成；帮助比自己弱小的人……正是这一点一滴的教诲，培养了我独立的人格品质。家风，其实并不遥远，而是离我们很近，就是在生活中的细微处去感悟人生，寻找答案。

俗话说："家和万事兴"，只有一个家庭的和谐相处，才能万事兴旺，世代相传。《礼记》八目里讲到："格物、致知、诚意、正心、修身、齐家、治国、平天下。"现代社会工业化进程加速，物质文明越来越丰富，但是却发现了另一个问题：人们对物质的欲望越来越高，往往就看不到自己眼前所拥有的幸福，迷失了自我，造成了很多社会问题的出现。家和的根基首先是我们要懂得修身。换言之，要把我们对物质的欲望降低、减少，我们每个人都有不同的欲望，但我们要把欲望控制在适可而止的范围，不要过分。同时，一个人要对别人真诚，孔子把"诚"叫作"勿自欺"，不要欺骗自己。一个人内在的德智修养，会直接影响其外在的各种行为。

修身不仅是思想，还要懂得言语的修养。《中庸》里面讲，"言顾行，行顾言，君子胡不慥慥尔"。自己在做事的时候，就会想着我做事的过程中讲的每一句话适不适当？讲出了，言行是不是一致？我们一个人修福还是造孽，言语占了很大一部分，所以谨慎是必要的。而这个谨慎，孔老夫子给我们做了很好的榜样。孔子这么有修养，是圣人，他讲话都十分谨慎，"述而不作"，他所讲的都是古圣先王的教诲，不是他自己的创作。其实，这就是一种恭敬的态度，因为古圣先王的德行、智慧

□ 门里家风

很高，我们比古代人还差得很远很远。

《周易·系辞上》："二人同心，其利断金；同心之言，其臭如兰。"对一个家而言，夫妻的结合是两个家庭的结合，夫妻在一个家庭中起到承上启下的作用。对父母孝敬、尊重，而尤其对子女的教育更是传承家风的重要因素。

人们往往把知识当成有智慧，这是个错觉。在这个错觉的影响下，人们期望自己的知识多一些，这也导致他们的教育模式是这样。一放假期，大人领着孩子奔波于各种补习班、培训班。作为家长，可曾想过孩子的感受，他们到底需要什么？孩子失去了童真，填鸭式的各种知识灌输让他们不堪重负，智慧是一种空盈的状态，学习不光是为了记住知识，而是为了唤醒爱心，引爆智慧。真正好的教育不是让孩子从小心智还不成熟时，拼命地参加各种奥数、音乐考级之类的培训班，而是从小就要让孩子从古圣先贤的智慧中吸取能量和智慧，懂得"仁、义、礼、智、信"。

有子曰："君子务本，本立而道生。孝悌也者，其为仁之本与。"一个高尚之人要以做人之道为根本，根本建立了，道德随之产生。孝敬父母，友爱兄长，这就是做人的根本啊！

古人云："人孰能不老？百善孝为先。"中国没有慈经，只有孝经。慈是与生俱来的，慈就是可怜天下父母心。父母就是在你吃着美味佳肴时，自己却说不好吃，啃着馒头的人；父母就是给予了你生命，又无数次为你遮风挡雨的人；父母就是每逢你在外玩得很晚时，担心不能入睡的人；父母就是可能言语不多但却是最爱你、关心你的人。

而孝是在每个人出生那刻起，后天一点一滴的耳濡目染、言传身教中慢慢培养起来的。从古至今，黄香温席、卧冰求鲤、鹿乳奉亲、换肾救母、背母求学……这样的孝亲故事数不胜数。羊跪乳、鸦反哺，知恩知善，孝方为人。树欲静而风不止，子欲孝而亲不在。父母为我们付出了太多太多，我们不要等到他们离我们而去时才懊悔不已。有了侍奉父母的心，就时刻付诸行动，即使不能终老，亦无愧于父母，无愧于天地。

但有一点要清楚，那就是对父母的孝，只是很浅层的孝。孝不仅包括父母，更有对祖父母和祖辈的孝。自古以来，作为中华民族传统美德的重要元素"孝道"文化里，除了父母，还有包括生育后代，推恩于人，孝国孝家，缅怀先祖等等。它是一个由个体到整体、从自己修身到让家庭和睦、再到国家和谐安定，天下繁荣昌盛的多元化体系。真正的孝在于懂得做人的道理，懂得了孝才是真正懂得了生命的意义。

中华民族在历史上有一个共识，即身、家、国、天下在本质上是同构的。家是浓缩的国，国是放大的家。良好的家风是国运恒昌的精神根基。随着社会的不断进步，作为炎黄子孙，我们更加需要在新常态下继承和发扬优良传统，让好家风、好家训世代传承下去，形成"家家都有好家风，家家都是文明人"的社会理念。让我们共同携起手来，为实现"中国梦"的宏伟蓝图而努力奋斗吧！

□门里家风

这是绿叶对根的敬意

——华珍盐叶子牛肉的故事

墨 骥

我们中华民族自古以来就把孝亲敬老视为崇高美德,孝道贯百世,上下五千年,素有"百里负米""卧冰求鲤""亲尝汤药"等二十四孝故事代代相传。中国传统文化就是以孝敬父母为核心的孝道文化,秦汉之前,被视为中华民族传统文化代表思想的儒家学派就系统而全面的编著了有关孝道思想和学说的《孝经》;汉唐以来,历朝历代更是把孝道视为治国理政的基本方略,齐整风俗、敦化人伦的根本思想。"百善孝为先","夫孝,德之本也",孝道已成为中华民族繁衍生息、世代相传的优良传统与核心价值观。

我们伊斯兰教同样重视孝道这一人类普世的伦理道德,孝敬父母、赡养双亲是伊斯兰教提倡的传统美德,是穆斯林必须履行的一项主命义务,而忤逆父母、虐待双亲被视为大罪。《古兰经》第4章36节说:

"你们当崇拜真主,不要以任何物配他,当孝敬父母,当优待亲戚,当怜恤孤儿,当救济贫民,当亲爱近邻、远邻和伴侣,当款待旅客,当宽待奴仆。"《古兰经》中有许多章节经文,都将孝敬双亲放在仅次于崇拜真主之后,充分说明了孝道在伊斯兰教功修中的地位和贵重。穆罕默德圣人说:"真主之喜怒,视双亲之喜怒为转移。"又说:"不孝敬父母双亲的人,不能进天堂!"还说:"天堂在母亲的脚下!"

我国回族穆斯林秉承中华传统孝道文化,恪守伊斯兰教孝亲思想,将孝敬父母、赡养双亲视为立身修德之根本、为人处世之基础。我国清代著名回族穆斯林学者刘智在所著《天方典礼》一书中提出了"天道五功""人道五典"的概念,且把孝敬父母列为"人道五典"之首,正所谓"天道五功以养性,人道五典以立身"。也就是说,作为一名中国回族穆斯林,不仅要切实履行念、礼、斋、课、朝五大功修以纯洁自己的信仰,磨炼自我的性情,达到认主拜主的境界;同时要在日常生活中以孝、敬、忠、义、信的标准指导今世的生活,恪尽孝敬父母、善待亲朋、亲爱邻里等各项善功,这样才能达到今后两世兼顾,得到两世吉庆幸福。

千年古城阆中现生活着五千多名淳朴善良、勤劳真诚的回族穆斯林,自清代以来就与当地其他民族和谐相处共同生活。他们大多世代以经商谋生,尤以制作传统清真食品见长,其中阆中特产之经典、华夏美味之珍品——"华珍盐叶子牛肉",更是以其与众不同之名称,独特不凡之风味,卓尔不群之技法,妇幼皆知、远近闻名。说起这道独特清真美食之由来,皆源自一个流传久远的感人故事。

清咸丰年间,阆中城内有一户从甘陕迁徙而来的马姓回民母子,母慈子孝,子擅牛肉加工,重经商道义,邻里皆以"马孝"尊之。马孝母

□ 门里家风

子相依为命，以经营牛肉熟食谋生，日子虽显清贫，也算过得太平。无奈岁月蹉跎，光阴更迭，马母老迈年高，食欲不振，日渐体衰。见此情形，马孝忧心如焚，苦思冥想，愁眉不展，只希求增进老母食欲之良方，唯祈愿慈母贵体之安康。时至重阳，秋高气爽，金菊遍野，爱求柔桑。这日，马孝联想老母平素最喜食牛肉，陡然茅塞顿开，技上心来，便精选上好的黄牛肉料，稍加腌渍，并佐以秘制配方之香料，以文火精心满烹，烹制出一种色鲜味美、柔软可口的卤汁牛肉供老母品食尝鲜，开胃佐餐，以尽孝心，唯求康安。马孝将切好的牛肉叠放于新鲜的桑叶之上，小心翼翼地捧送至老母榻前。但见叶翠肉红，滋润悦目，鲜香四溢，沁人心脾，让人垂涎欲滴，令母食欲大振。马母细嚼品味，只觉满口回香，不禁问道："孝儿啊！这叶子上是何肉，竟如此酥软鲜香？"马孝睹叶生情，急中生智，便随机应答："母亲啊！此乃盐叶子牛肉。"马母说："这盐叶子牛肉酥软鲜香，是为母吃过的最香最美味的牛肉。真难得我儿一片孝心啊！"并嘱咐马孝要多多精心制作，上市销售，好让更多的老人能分享到这饱含孝心的美食。如今，闻名遐迩之"华珍盐叶子牛肉"，乃马孝后裔继承祖辈传统秘技，并融入现代科技之创新美食，已越来越受到广大消费者的青睐与喜爱，"华珍盐叶子牛肉"也将伴随着这感人的故事，香飘百世。

这正是：

饮食才知盐珍贵，叶茂方显根至伟，
绿叶对根怀敬意，感恩美德沁心扉，
华夏珍馐凝真情，孝亲佳话传万辈。

我也谈谈"孝"

王建新

《本草纲目》中称乌鸦为慈鸟:"慈鸟:此鸟出生,母哺六十日,长者反哺六十日,可谓慈孝矣。"传说当母亲年老体衰,不能觅食或者双目失明飞不动的时候,一种又丑又黑的小鸟四处去寻找可口的食物,衔回来嘴对嘴地喂到母亲的口中,直到老母亲死去为止。现代科学对"乌鸦反哺"的解释是:这只是乌鸦的一种反射性行为模式,与它的思想道德标准及它与老乌鸦之间应该没有什么关系。

与万物不同,人有了意志力和道德思想,也就有了回望祖先的情怀,有了慎终追远的德风,孝也就成了人类特有的道德和仁爱之心。

说到底,大多数人的本性是善良的,是仁爱的。但是,人的心性是永远处在成长过程中的,需要更多的人生经历、丰富体验和不断的内心感悟及自我反省来成熟发展的。所以,一个人对孝的理解、行孝的方式和行孝的感悟也会随着年龄、阅历的不同而有所不同。

□ 门里家风

对老人进行最基本的生活照顾

对于温饱都有困难的老人来说，衣食无忧、居有定所是他们最大的期望，满足他们的衣食住行就是最大的行孝，这一点对年轻人来说是容易做到的。

我的婆婆中风瘫痪在床十八年，基本的生活都不能自理，言语不清，思维、智力退化严重，这种情况下的婆婆很单纯，很容易满足，我和婆婆之间的沟通和相处也就非常简单的，将生病在床的她照顾好，就是最大的孝。

顺势而为，尊重老人

婆婆久病去世后，我主动提出来让公公与我们同住，我认为这是我应该做的，也自认为只要尽孝心，就可以像孝顺婆婆那样孝顺公公，甚至可以做得更好，因为我与公公一向很聊得来，并且公公的人品很好，有思想而且慎言语。可是，理想很丰满，现实很骨感，孝心在现实面前显得如此的苍白无力。

"色难"是孝心体现的第一大难关。居家相处，并不是无微不至、事事亲为是最好的孝，而应该让老人感到生活舒适、不让老人感到难堪、别扭。但是忙于工作之余回家还要照顾一家老小，慢慢地，在家里说话的语气硬了，嗓门高了，自己有了憋屈，老人有了逃避，足足相互适应了半年，生活才又慢慢步入正轨。

在我的家乡，男人向来在家里是饭来张口衣来伸手的甩手掌柜，在这种传统下长大的我也不会为难老人家做事情替我分担家务。但是，我会打着爱的旗号，以孝的名义，教育引导老人家养生、保健、益智等等，譬如我会把各种颜色的豆子掺到一起，排摆好小碗小盘，耐心细致地教他如何挑豆子，苦口婆心地告诉他这样做的好处，公公也很配合，一一应承着照做。厨房里，锅碗瓢盆的奏鸣声应和着"大珠小珠落玉盘"的清脆声，满满的成就感，每每为自己深深的孝心感动到几乎落泪。

有一天，我从厨房出来，见到茶几上摆着一盘黄豆，一碟黑豆，只见公公端起小盆，把剩下的红小豆"哗啦"一下倒进了最后的那个小空碗。当时我就忍不住笑了："爹啊，您真是聪明能干啊。"

笑过之后，我却反思了一个更深的问题：为老人家好，就一定是孝顺吗？顺者为孝，不是要求我们盲目应和，而是告诉我们不仅有心更要有智慧，顺势而为，顺应老人的生活习惯和认知特点才是最孝顺的根本。想明白这一点，我也就不再强求所谓的科学方式了，而是根据老人的生活起居规律和爱好特点来调适老人的养生。

女承父业，行道义之孝

在我12岁那年，母亲患上了溶血性贫血，一病就是十九年。在这十

□ 门里家风

九年里，吃过的中药、扎过的针灸、输过的血浆及收到的病危通知书都没有让妈妈说过一句丧气话，依然顽强地与命运抗争。同样没有放弃、同样坚强奋进的还有我们全家人，十九年来，父亲承受着巨大的心理压力和生活压力，作为丈夫，对母亲不离不弃，作为老师，对学生尽职尽责，作为父亲更是没有放弃对我们兄妹三人的成长和教育。

作为家里的长女，初中毕业时我就想辍学挣钱养家，被父亲拒绝。高中期间，当我再一次有了辍学的念头时，班主任对我说："你爸爸当了一辈子老师，他最希望的是孩子能读大学！家境困难这是事实，但你也要相信这也是暂时的，你好好学习就是对父母最大的心理安慰，这才是最大、最长久的孝顺啊。"老师的话对我触动很大，第一次从心里感觉到，孝不仅仅是钱物多少，更多的应该是让父母开心，心理的满足远远比钱财的安慰更重要。

女承父业，像父亲一样，27年前我回到家乡，回到母校做了一名高中老师，不同的是，父亲教语文，我教英语。可是小时候，爸爸教我读过的书、背过的诗、写过的字……深深地融入我的血液中，也成了我生活的一部分；又像父亲一样，我也成了一名志愿者，热爱并传播着中华优秀传统文化和积极心理学。以前，每次外出旅游，我都会给父亲买当地的特产名吃之类的，后来，我则把学习或者讲课活动的纪念品，特别是非常有传统文化味道的书、扇、本等当礼物送给父亲，而每每此时，父亲也一改"优点不说跑不了，缺点不说不得了"的教育理念，当面夸奖我说："你做的事情很有意思啊，也很有意义，看到你这样我很高兴啊，比给我买酒喝，买肉吃还高兴啊。"

让老人感受到生活照料和应有的爱与敬慕是不够的，从老人的精神追求和志向上充分发挥和传承，让自己的居家之孝扩充到社会上，以自我成长、自尊自爱为前提和出发点,对老人行道义之孝,这才是最具意义的升华和践行。

小时候,父亲经常教育我们:但行好事莫问前程(长大了才知道这句话出自《增广贤文》),现实却是,人往往有很多的功利性,比如,我们孝敬老人,内心是给孩子做榜样,希望我们的孩子将来也会孝敬自己。诚然,养成孝悌好的家风传承,自然会得到后辈孩子的孝顺,就像曾国藩所说的"凡天下官宦之家,多只一代享用便尽。商贾之家,勤俭者能延三四代。耕读之家,谨朴者能延五六代。孝友之家,则可以绵延十代八代",家族也便有了更好的传承。爱孩子,是动物都有的本能,人的生命和家族的延续注定要爱孩子。但是,要想生命更长久,家族更兴旺,离不开对上一辈乃至上上辈的精神、思想等家族本有的特质东西的认可,离不开这个违逆动物性而需要意志力和道德力量支撑的孝道。试想,一个人从感情上都不认可自己的父辈、祖辈,哪里来的思想认可?又怎么愿意把它教给自己的后人呢?顺承老人内心志向的孝道其实是对家风家训最好的认可和传承。

时代在变化,孝的内容、形式都已经拥有了鲜明的时代特点,但需要传承"孝道"这一思想理念不可改变。想明白这一点,我便没有了对未来老去的担忧,叹今怀古的感慨,也没有对孩子的过度期许。所以,我会怀着对老人深深的敬爱之心去怀念他们,会以一颗谦恭的心自责、弥补年少时的种种不孝,更以一颗"子欲养而亲不待"的心来珍惜行孝的快乐,更愿意以一颗虔诚的"老吾老以及人之老,幼吾幼以及人之幼"的心把爱和孝传播、发扬开来。

□门里家风

崇文尚武的"开口董氏"

董永强

在雄安新区,白洋淀畔,有一个历史悠久,名叫"开口"的自然村落。开口村地处九河下梢,离村不远的赵王河、浑河经常冲毁河堤,河水泛滥。开口村的得名就源于此。尽管历史上水患不绝,但开口村却有一个开口董氏家族,在开口村落子、生根、发芽、开花、结果,从无到有,从小到大,从默默无闻、名不见经传,到声名远播,名噪一时。

素常以"孝悌为本,爱国爱家,崇文尚武,德才蓄发"为家风的开口董氏,始祖董良辅系元朝开国元勋、忠烈公董俊(定鼎儒学千秋不衰的董子——董仲舒的第五十七世孙。)的第六世孙,世居真定府藁城县南董镇南大章村。

"藁城董氏"是先祖董俊及其四代子孙创建的功勋门第的集体称谓。先祖董俊一门在元代武功文治,贤能辈出,四代中,共赠封、追封公爵一十三人,侯爵三人,伯爵一人,四十三大夫,二十二将军,其中九人佩带金虎符。这在中国历史上是极其罕见的。

自先祖董俊开始至其曾孙们生活过的年代，一直伴随到元朝最后一个皇帝顺帝时代，董氏一族都鞠躬尽瘁，为了建设国家活跃于政坛，位居元朝政界的上层地位，举足轻重，一直致力于汉文化的发扬，对元朝纲纪的确立发挥着中流砥柱的作用。

明朝初叶，始祖董良辅（1312—1369）授命填实京师，不幸中途而殁，妻郑氏携二子得舜、舜卿定居雄邑孝义乡（开口村），自此开口有董氏始。

开口董氏家族，昭穆分明，派衍清晰，长幼有序。自第九世孙董光大公修序家谱至今，每隔三十年续修家谱一次，从未间断。

开口董氏家谱分昭、穆二族，亦称民位、军位，或长门、次门，通常问及同宗属哪门时亦说东山、西山。（因长门家谱挂在家庙的东房山，次门家谱挂在家庙的西房山而称之。）无疑，始祖董良辅为第一代，长子得舜及其后裔为长门昭族，次子舜卿及其后裔为次门穆族。

至于民位、军位之说，则与其历史背景相关。1398 年（洪武三十年），朱元璋去世，皇太孙朱允炆继位，年号建文，是为明惠帝。是时燕王朱棣拥有重兵，蓄意夺取统治权，并于 1399 年（建文元年）以入京除奸臣为名，向南京进兵，历史上称为"靖难之役"。经过四年的战争，终于从侄儿手里夺取了帝位，尊号成祖，建元永乐（1403），定鼎北平。

鉴于威胁明王朝的主要危险仍然是来自塞外的蒙古贵族残余势力，明成祖朱棣一方面对蒙古各部采取羁縻和防御并施的政策，一方面迁都北平，并改名为北京，以更加有效地抗击蒙古人的南袭，控制东北地区，维护全国统一。由于连年战争，北京城内人烟稀少，市井萧条，附

□ 门里家风

近农村同样残破不堪，田园荒芜。明政府不得不从直隶南部以及江南、山西大量移徙富户充实京师，甚至一些罪犯也发配到这些地区及北京附近屯田开垦。与此同时，朱棣对设在环渤海及北京周边的七十二卫所进行了扩充与调整，将移民设屯贻地，以卫所贻地给之。平时耕种，战时充军，此乃军户。那些没有入籍军户的移民和当地士民则为民户。（宁波《天一阁藏书馆》藏书《嘉靖雄乘》中有详细记述）。

这些，正是开口董氏军、民位所分之由来。即：开口董氏，二世祖"得舜"长子为长门，昭族，种田，明朝户籍管理属民户，家谱记载中称民位。二世祖"舜卿"次子为次门，穆族，贻地屯田，明朝户籍管理属军户，家谱记载中称军位。

几百年来，祖辈们耕耘劳作在这块浸透祖先血汗的土地上，历尽沧桑，细细解读那藏在一砖一瓦一草一木间的悲欢离合，爱恨情仇，接力传递流淌在祖先血液里的神秘力量，并得以发扬光大。世世代代继承发扬董氏家族"孝悌为本，爱国爱家，崇文尚武，德才蓄发"的优良传统、忠信孝悌、艰苦创业。其间，名人志士层出不穷，谱写出光辉灿烂的历史篇章。

历经630多个春秋冬夏，风风雨雨成就了开口董氏的繁荣昌盛。开口董氏家族亦是簪缨奕叶、名人辈出，文有董时、董劝、董懋中、董朱英、董淑英、董应徵、董一薰、董其英、董煜等史上"文曲星"临凡；武有开口董氏第三代董忠至十一代董冀北，共九代十一人任保定后卫镇抚，更有平遥卫指挥使董威，明威大将军董权、董仲道，鹰爪翻子拳的开山祖师董宪周、八卦掌创始人董海川等更是闻名遐迩的京南大侠。晚清著名军事将领董光甲、董如鸿等在中国近代史上都留下了璀璨的一页!

说起董氏家风、家训中的"孝悌为本"不能不提及"开口董氏家庙"。姓氏家庙,在中华大地上不能不说是凤毛麟角。素有"天下无二庙"之说。也就是普天之下,姓氏家庙除了孔庙,也就是仅有的董氏家庙了。

开口董氏家庙相传始建于明朝弘治年间,起初规模较小。中华民国二十一年仲春庙碑记载:清康熙五十八年至乾隆二年,举合族之力,历经十七年扩建形成。正殿三楹,前出廊后出厦,围墙院落、前广场规模宏大,是目前将近六万的良辅后裔子孙无比敬仰,深深依恋,魂牵梦绕的精神家园、精神寄托。开口董氏家庙原供奉有圣旨两道、金质万人球一颗、功名官显灯十六盏、祖宗画像、帝王赐予龙衣蟒袍等大量珍贵的历史文物。

如今步入新时代的雄安新区开口董氏,一直秉持着先祖六百年来"孝悌为本,爱国爱家,崇文尚武,德才蓄发"得家风家训,在雄安新区首建董氏儒学文化研究院,致力于弘扬儒学文化,弘扬中华民族先进文化。董事儒学文化研究院下设董氏书画社、开口董氏音乐会、开口董氏翻子拳研究会等专属、专业实体,以保证董家的儿郎,乃至雄安新区其他家庭的"宝贝幼苗",植根于中华国学的肥沃土壤,从小就"先入为主",从小就"根红苗正"。

有着六百多年文化传承的开口董氏,紧跟习近平总书记的谆谆教导:"中华民族自古以来就重视家庭、重视亲情。家和万事兴、天伦之乐、尊老爱幼、贤妻良母、相夫教子、勤俭持家等,都体现了中国人的这种观念。……不论时代发生多大变化,不论生活格局发生多大变化,

□门里家风

我们都要重视家庭建设,注重家庭、注重家教、注重家风。""孝悌为本,爱国爱家,崇文尚武,德才蓄发"的开口董氏家族,信心百倍,豪情满怀,弘扬家风、家道、家教的优秀思想,"接天莲叶无穷碧,映日荷花别样红"既是大美雄安新区白洋淀的真实写照,也是我雄安新区开口董氏的美丽名片,美丽、创新、发展的雄安新区欢迎您,忠孝、弘德、扬善的开口董氏欢迎您。

清白孝悌家风，成就千年望族

——记山东省郯城县徐氏家族

乔俊文

山东省郯城县在历史上是古郯国故地，郯国系少昊氏嫡传后裔所建，继承了东夷文化，创建了辉煌的郯文化。几千年来，郯城人文荟萃，历史文化遗存星罗棋布：比如因详悉"鸟官制度"而被孔子拜师求教的郯子，因与孔子"倾盖而语，终日甚亲"而留下倾盖亭的程子，为东海孝妇据理力争、留下于公墓遗址的汉朝丞相于定国的父亲于公，被杜甫称为"俊逸鲍参军"的诗人鲍照，等等。而在这些名人中，有一个家族特别引人注目，子孙后代绵延延续，世居高官，英杰辈出，以至于郯城有"郯城县，徐一半"的谚语。这个家族就是郯城徐氏家族。

徐氏一族瓜瓞绵延，成为郯城一大望族，先后出现了徐宁、徐羡之、徐佩之、徐孝嗣、徐摛、徐陵、徐勉、徐孝克、徐有功等历史名人，辉煌两千年，与其良好的家风传承息息相关。徐氏家风内涵丰富，

□ 门里家风

而其尤为突出者是清白传家和以孝为先。

世代清廉，清白传家

徐氏清白家风的形成，历经无数族人的努力，而其中徐勉是非常重要的一位。

徐勉（466—535）字修仁，东海郯（今山东省郯城县）人，是南北朝时期梁代著名政治家、文学家和学者。他在梁武帝一朝历任给事黄门侍郎、尚书吏部郎、给事中、五兵尚书、吏部尚书、太子詹事、尚书仆射、中书令等重要职务。作为宦辅重臣，他对梁代前期的兴盛起到了重要作用，在历史上被称为一代贤相。

徐勉任吏部尚书时，掌管了选官用人的大权。可是徐勉却用权唯公，不徇私情。梁简文帝萧纲评价徐勉一生的主要功绩就是"举直斥伪、校名责实。朝有进贤、野无遗逸"。"风月堂"堂号的来历就是一个很好的佐证。据说，有一天晚上，一位叫虞皓的门客见徐勉聊得很高兴，便趁机提出了要个小官当当的请求。想不到徐勉马上变了脸，十分严肃地说："今晚只可谈谈风月，不宜叙及公事。"委婉地拒绝了虞皓的请托。此事传开之后，族人对他的高风亮节非常佩服，为了纪念徐勉，后人把"风月"列为家族的一个堂号。

徐勉当了三十多年的高官，"产业之事，所未曾言"。他的门人故旧多次劝他，趁着现在位高权重，或"创辟田园"，或"兴立邸店"，或者买些商船搞运输，给子孙聚敛一笔财富，致仕（退休）后也可享享清福。对这些话徐勉都"拒而不纳"。徐勉说,"吾家世清廉,故常居贫素",自己现在"尊官厚禄,可谓备之。每念叨窃若斯,岂由才致,仰及先代风范及福庆,故臻此身"。意思是,自己出身贫寒,世代清廉,自己因为保持了先人的风范,又得到了好的机遇,才得到如今的高官厚禄,并非自己有什么才干,如果还不满足,当了大官,还想发大财,就是贪得无厌了。到儿子结婚时,建宅资金不足,他只能忍痛把心爱的小园卖掉。小园的故事,是徐勉一生清廉的写照。

徐勉在垂暮之年,郑重其事地给长子写了一篇《诫子书》,表达了"人遗子孙以钱财,我遗子孙以清白"的思想。他认为,子孙有才能,就会自己创造财富;没有才能,你给他留下多少财富,也终为他人所有。最重要的是让儿孙继承优良家风,读书明理,增长才干,清清白白地做人,这样才能自立于社会,成为有用之才。

徐勉的清白家风,深刻地影响了族人及其后代。唐代就出现了一位敢于和皇帝据理辩争,不惜以死守法执正的清官徐有功。

唐朝的徐有功(640—702)名弘敏,字有功,为南北朝时期齐司空徐孝嗣的后代。彼时有个叫冯敬同的人,投状密告魏州贵乡县尉颜余庆曾经和起兵叛乱被杀的李冲共同谋反。因受不住酷吏来俊臣的严刑逼供,颜余庆只得违心地认罪写了"与李冲通同谋反"的招供状。武则天看了颜余庆的供词后,让来俊臣将此案转交司刑寺以死罪判刑。刚刚上任司刑寺的徐有功仔细阅读了案卷,觉得颜余庆虽然已经招供,但"与李冲通同谋反"罪证不足,便援引《永昌赦令》判颜余庆为李冲案的"支党",处以流放三千里的刑罚。在朝堂上,面对武则天的咄咄逼问,他神情自若,对答如流,没有一丝胆怯。武则天开始时怒不可遏,后来

□ 门里家风

渐渐觉得这位人称"徐无杖"的司刑官说得有道理，怒气也慢慢地平息下来。她对徐有功说："颜余庆是否属于支党，卿再去仔细勘问上奏。"

徐有功在司法任上约十五年，三次被控告死罪而泰然不忧；三次被赦也不阿谀奉迎；二次遭到罢官削职，复出后仍一心执法守法，连武则天也被他的忠贞和勇气所折服。他任法官前后执正大案六七百件，救人数以万计。他既不为己谋利，也不为君主之私欲所动摇。

徐有功的守法公正之气，也深深地影响着后人。他的五世孙徐商，曾任唐懿宗时的宰相；徐商的儿子徐彦若，是唐昭宗时的宰相，都很有政声。

现在，每年都会有上千的徐氏族人前来郯城徐氏始祖陵——豹公墩祭祖寻根。他们不仅是祭拜怀念先祖，更是为了继承祖先的良好家风。徐氏族人认为，无论做官还是为民，都要清清白白处世，老老实实做人。习近平总书记说：家风好，就能家道兴盛，和顺美满；家风差，难免殃及子孙，贻害社会。观徐氏一族，诚哉斯言！

传承孝道，以孝为先

郯城是中华孝文化的发祥地，是全国闻名的孝道之乡，其尊老敬老的习俗可谓源远流长。

比如鹿乳奉亲。郯子父母年老，俱患眼疾，思食鹿乳。郯子乃衣鹿皮，入深山鹿群之中，取鹿乳以供亲。猎者见欲射之，郯子具以情告，乃免。

比如东海孝妇。孝妇周青与婆婆相依为命,至孝。婆婆为不连累周青而自缢,被救。后婆婆因误食野菜身亡,其小姑子告周青害死母亲。周青被冤杀,临死前发下三桩誓愿并一一应验。后来元代戏剧家关汉卿据此创作《感天动地窦娥冤》。

对待孝道,徐勉这样告诫子孙:你们不是要遵守孝道吗?孝就是"善继人之志",你们能够理解和继承我的志向,我就没有什么遗憾了。

徐氏另一位名人南北朝时期的徐孝克更是身体力行,践行孝道。"侍宴取饵"和"卖妻求食"就是有关他的两个小故事。

据《陈书》记载,徐孝克是文学家徐陵的同父异母的三弟,事生母至孝。每当皇帝宴请群臣时,徐孝克从来不吃任何东西,等到宴席散了,他面前的美味饭菜却少了一些。皇帝让中书舍人展开秘密调查,了解到徐孝克常常把肴馔藏入腰带带回家奉养母亲。皇帝听到实情,感慨了很久,允许徐孝克今后宴会时可以堂而皇之地把面前的美食带回,奉养母亲。

后来适逢"侯景之乱",京城饥荒肆虐,身为太学博士的徐孝克也家中断粮,无法奉养母亲。为了让母亲活下去,就将自己的妻子臧氏卖给了侯景的部将孔景行,把所得的谷帛全部用于供养母亲,自己只好出家做了和尚。后来孔景行战死,臧氏找到徐孝克说:往日之事,非为相负。表示愿意和徐孝克一起回家侍奉老母。徐孝克同意了,僧衣一脱,与臧氏破镜重圆。徐孝克的孝行虽然带有苦涩意味,却也着实让人感叹。

在传统社会里,齐家治国是统一的,践行孝道、尊老敬老正是构建和谐社会的重要措施。时至今日,我们也不应该抛弃传统文化的有益的成分。习近平总书记不仅在家庭是一个孝敬父母的孝子，在社会上也非常尊老敬老，他曾经引用郑板桥的诗句"新竹高于旧竹枝，全凭老干为扶持"来称赞老干部的价值，为国人做出表率。

近年来，郯城县各级政府都把"孝文化"融入构建和谐社会的行动，比如县妇联在全县开展了"五好文明家庭""好媳妇""好婆婆"的评选活动；重坊镇强化孝道教育，把养老爱老、孝老敬老列入"重坊好人"的评选范畴；全县各村评选孝子、孝女和孝媳，使孝道发扬光大，促进了家庭和睦和社会和谐。可以说，孝文化如春风化雨般浸润着千家万户，孝敬老人已经是很多家庭的自觉追求。

今天，我们回顾郯城徐氏一族在发展壮大过程中的良好家风，对于我们认识中华优秀家风家训的作用，也许是大有裨益的。

门里家风

下 篇

家训家风，家族昌盛的基因密码

任宝菊

忠厚传家久　诗书继世长
可传于后世　无忝尔所生
积德为本　续先世之流风心存继往
凌云立志　振后起之家法意在开来
……

在这些时代不同、地区不同、方言各异的家训格言中，传递着不同家族长辈共同的的愿望：希望家运昌盛，世世代代有所作为。纵览五千年的中国文明史，能够使许多家族青史留名、宗祚长久的基因密码，就隐存在世代相传的优秀家风、家训之中。这些基因密码，简要来说，可以大致归为以下几个方面：

□ 门里家风

重视家庭教育

重视家庭美德及家风建设，贯穿于许多家庭成员的生命始终；如若不然，则会被人们冠以"少家失教"这种非常严苛的道德批评。

中华民族从远古走来，栉风沐雨，历尽艰辛。悠久的自然经济、农业文明的历史，使家庭教育、家族意识成为中华民族文化的重要组成部分。康熙年间陈梦雷所编辑的大型类书《古今图书集成》中，《家范典》多达116卷，分31部，各又再分5类，辑录了先秦至清初的大量家训资料，真可谓浩如烟海。流传至今的家训基本是名人家训（包括帝王家训），均为历代的优秀之作。

以《温公家范》为例。北宋著名历史学家司马光在总纂修《资治通鉴》的同时，还编写了家训历史上的一部优秀典籍——《温公家范》（又简称为《家范》）。《家范》共10卷。首卷论述"家正而天下定，礼乃治家之本"的齐家宗旨。第二卷到第十卷，分别对祖、父、母、子、女、夫、妻等家庭成员提出了详细的家庭伦理道德要求。《家范》采集了《周易》《大学》《孝经》《礼经》《内则》及其他史传所述道德准则、治家修身格言，还收集了大量历代治家有方的实例和典范，又辅以司马光本人的论述，所以本书既是他的治学研究成果，也是他本人的"躬行心得"。《家范》的核心思想之一是，对于子女的教育需要从胎教始，终其一生。抑或可说，只要为人父母一天，便不可一天忽略对于子女的教育。

《家范》总结历代先贤优秀的家庭教育经验如下：

（一）胎教优先。司马光举例说，周朝文王之母太妊在怀着周文王的时候，"目不视邪色，耳不听淫声，口不出傲言，能以胎教"。虽然太妊是"溲于豕牢，而生文王"，但由于太妊注意实行胎教，"文王生而明圣，太妊教之以一而识百"，聪明过人。因此，司马光说："古有胎教，况于已生！"（《家范》卷之三）古人在孩子未出生的时候就注意胎教，那么，孩子出生以后更应抓紧教育。

（二）重视早期教育。即"少成若天性，习惯如自然"。他举例说，周初周成王出生以后，"赤子而教"，即还在襁褓中就对他进行教育。那时候，圣王的太子刚出生，就设有"三公"和"三少"，专事太子的教育事宜。"三公"负有的责任是："太保，保其身体；太傅，傅其德义；太师，导之教训"；"三少"则是同太子居处出入在一起，按照三公的要求从事具体辅导的人。幼儿出生后至能够自己饮食时，先教以使用右手，能讲课时，就要对男孩女孩教之以说话的声调。男孩要系皮革制作的腰带，女孩要系丝制的腰带，以陶冶男孩女孩不同的情操和性格。

（三）慈严相济。在颜之推"父子之严，不可以狎，骨肉之爱，不可以简，简则慈孝不接，狎则怠慢生矣"思想基础上，司马光在爱与教的矛盾上，提倡慈训并重，爱教结合。他说，"慈而不训，失尊之义，训而不慈，害亲之理，慈训曲全，尊亲斯备"。即父母只讲慈爱而不严加训教，便失去作为尊长的大义，只严加训教而不慈善，则伤害了骨肉相亲相爱之理，只有慈严结合，才具备了大义和亲情，是完整的家教。

（四）言传身教，以身示范。由于家庭成员长期生活在一起，家长对子女的教育有着特殊的作用。司马光分别采集了孔子、孟子及颜之推在这个方面的教育主张。孔子主张"正人先正己，其身正，不令而行，

□ 门里家风

其身不正,虽令不从"。孟子继续发展这种思想,他说"吾未闻枉己而能正人者也",在家庭教育中,他更是提出了易子而教的主张。颜之推指出,"夫同言而信,信其所亲,同命而行,行其所服",也就是说,同样的一句话,人们总是相信亲近的人,同样一个命令,人们总听从所敬佩的人,家长的一言一行,对子女起着至关重要的作用。子女在家庭中接受教育,大都是在活动中无意识地接受的,家长的言行对孩子起着潜移默化的熏陶作用,因而,我国古代很多人写的家训、家书中,比较普遍地采用了以自己的亲身经历和亲身感受来教育子女的教育方式。

具有浓厚的家业传承、家族繁衍的忧患意识

家业事业有成的先人们,希望家族子孙能够安身立命,家庭家族好运长久。

(一)"君子之泽,五世而斩;富贵之家,三代其衰"。我们的先人们很早就有"夙兴夜寐,无忝尔所生"(要早起晚睡地去做好自己的事情,要使家庭美德建设顺利进行和延续下去,不要愧对生养你的父母)的认识,先秦商周时期留存下来的文献中,有大量的对于后代的训诰、劝诫、庭训之语,这些可以说都是一家之规,一族之规。

比如《尚书·无逸》和《逸周书·诫伯禽书》中,都记载了西周初年,周公训诫侄子成王以及自己的长子伯禽的语录。《论语》中也载有孔子教儿子孔鲤读诗学礼(庭训)的故事。后来相继出现的家训名著有北齐颜之推的《颜氏家训》、北宋司马光的《温公家范》、南宋袁采的

《袁氏世范》、朱伯庐的《朱子治家格言》以及各种诫子书等等，不胜枚举！

倡导"以俭素为美"的司马光，其家庭教育的名言是"由俭入奢易，由奢入俭难"，他不厌其烦地解释其重要性，要求家族子弟必须做到，并说这是"大贤之深谋远虑"。

《袁氏世范·睦亲》篇记录了一条民谚："莫言家未成，成家子未生；莫言家未破，破家子未大。"意思是说，不要说家庭还没有兴旺发达，能够使家庭发达的儿子还没有生养出来，不要断言家庭能够永保兴盛，败家的儿子尚未长大。

清朝张履祥在《训子语》中说："子孙贤，族将大，未有子孙不贤，家族不至倾覆者。"他因此得出结论，家之兴替，全不系乎富贵贫贱，完全取决于子孙的贤与不肖。"贫贱而好修饬行，兴隆之道；富贵而纵恣背理，败亡之辙也。"

明高攀龙《高氏家训》要求弟子，要以孝悌为本，以忠信为主，以廉洁为先，以诚实为要，临事让人一步，自有余地；临财放宽一分，自有余味。如果不能日行一善、日积一德，长久下去，就有"丧身亡家"的危险，"岂不可畏也！"

（二）传统家庭教育非常重视培育子孙的高尚品格，认为子女的品德教育高于一切。以明朝几位家训著作为例，姚舜牧的《药言》曰："一孝立，万善从，是为肖子，是为完人。凡人为子孙计，皆思创立基业。然不有至大至久者在乎？舍心地而田地，舍德产而房产，已失其本矣。"高攀龙的《高氏家训》曰："吾人生于天地之间，只思量做得一个人，是第一义，余事都没要紧。做好人，眼前觉得不便宜，总算来是大便宜。做不好人，眼前觉得便宜，总算来是大不便宜。千古以来，成败

□ 门里家风

昭然，如何迷人尚不觉悟？真是可哀！吾为子孙发此真切诚恳之语，不可草草看过。以孝悌为本，以忠信为主，以廉洁为先，以诚实为要，临事让人一步，自有余地；临财放宽一分，自有余味。善须是积，今日积，明日积，积小便大。一念之差，一言之差，一事之差，有因而丧身亡家者，岂不可畏也！"王汝梅在《王氏家训》中讲："虚伪诡诈，机谋行径，我非不能，实不为也。非惟天不可欺，即人亦难瞒。丈夫处世，发奋自强，何事不可为，何地不能到，乃忌人才能，忌人学问，忌人富贵？骄奢淫惰四字，是富贵家子弟雷同病。男子识见要远，度量要宏。贪之一字，凡事皆忌，若读书则惟恐不贪多务得。贪书未有不成学者。"清朝张履祥在《训子语》中说："内外勤谨，守礼畏法，尚谦和，重廉耻，是好人家。"

这些家风家训，体现着一家或一族世代相传的道德准则和待人接物的处世风格，反映的是世代传承的家族修养与道德风尚。这些以家长为主导、以家庭为载体，渗透在日常生活中的教化与传习方式，以一种潜在的、无形的力量，潜移默化地影响着孩子的心灵，塑造着家族子弟的世界观、人生观、性格特征、道德素养、为人处事及生活习惯等等，使其每个方面都会打上家风的烙印。可以说，有什么样的家风，就有什么样的孩子。优良家风可以让人立德、修身、齐家、安天下、成就事业；不良家风可以让人毁德、坏身、败家、亡天下、一事无成。

立足于国泰民安来谈家庭教育

我国的传统家庭教育，历来不止于家庭，更在于治国平天下。这是中华民族家训文化的精髓所在。"圣人教从家始,家正则天下化之。"《周易·象传》:"男女正,天地之大义也。正家,而天下定矣。"组建一个和顺的家庭,是天地间最重要的事情;有了一个个充满正气的家风,整个天下也就安顿了。所以,家风端正与否,不仅关系到一个家庭和家族的宗祧兴衰,同时也极大地影响着社会民风的价值走向,以及国家的安定团结。对于这个问题的清醒认识,我们的先人们不仅很早就做出了论断,历朝历代更是名人贤士践行赓续不已。

周公在《诫伯禽书》中,提出家国的治理者,必须具有以"谦"为核心的"六德"——恭、俭、卑、畏、愚、浅。夏桀商纣因无此六德而亡其身、失天下;商汤周武因此六德而贵为天子,富有四海,"可不慎欤!"

北宋名相包拯晚年为子孙后代制定的家训:"后世子孙仕宦,有犯赃滥者,不得放归本家;亡殁之后,不得葬于大茔之中。不从吾志,非吾子孙。"包拯的这则家训刊石竖于堂屋东壁,以照后世,寥寥37字,凝聚着包公的一身正气、两袖清风,虽千载已过,仍足为世人风范。

著名的四大贤母之一陶母"封坛退鲊"的故事,更是古往今来天下母亲育子的榜样。陶母出生于三国时期的吴国,后嫁给了吴国扬武将军陶丹为妾。陶侃很小的时候,陶丹便因病去世了。陶母独自挑起了养育儿子的重担。除去维持日常生计的辛苦劳作,陶母把所有的时间都用来教育儿子,要求儿子要珍惜光阴,勤学苦读,还要求陶侃要崇尚劳动,生活节俭,慎重交友,立志报国。

陶侃在青年时代初为官时,曾是浔阳县的一名小吏,专门负责管理河道及渔业。有一次,一个部下出差,要路过母亲居住的地方,陶侃便要他带一坛子咸鱼干送给母亲,让她尝尝浔阳的特产,以表孝心。陶侃

□ 门里家风

的部下见到陶母,说明了来意,陶母很高兴。可是,当她读完儿子的信,又问清了这坛咸鱼是公家的东西时,心情变得沉重起来。她拿过笔墨,写了个"封"字,贴在坛口上,并对来人说,公家的东西不能收下,请陶侃的部下带回去交给陶侃。她还在信中写道:"尔为吏,以官物遗我,非惟不能益吾,乃以增吾忧矣。"

正是陶母的言传身教,培育了一代名将陶侃在做人、为官方面的道德修养。陶侃为官四十多年间,初任县吏,继任郡守,官至侍中、太尉、荆江二州刺史、都督八州诸军事,封长沙郡公,所到之处,简刑罚,劝课农桑,使百姓能安居乐业;勤俭节约,反腐倡廉,惩治贪官懒吏,深受将士和百姓的爱戴。

陶侃是陶渊明的曾祖,陶侃母亲湛氏树立起来的优良家教、家风,不仅培养了一代名将陶侃,更是荫泽其数辈后代。

我国现代大教育家张伯苓先生,在日军步步入侵、国家危机重重的时刻,不仅坚决支持四子张锡祜参加空军,而且还在家书中引用《孝经》鼓励儿子:"阵中无勇非孝也!"1937年"八一三"战役打响(这是中日双方在抗日战争中的第一场大型会战,也是整个中日战争中进行的规模最大、战斗最惨烈的一场战役),张锡祜在奉命出发前,给父亲写信,陈述在父亲嘱托激励下,时刻准备以死报国的决心:"此次出发非比往常内战,生死早置之度外!望大人勿以儿之胆量为念!""儿虽不敏不能奉双亲以终老,然亦不敢为我中华之罪人!遗臭万年有辱我张氏之门庭!"拿到儿子的家信,张伯苓在对南开中学学生的讲话中表露心绪:"前几天我接到四儿子的来信……我不因为儿子赴前线作战,凶多吉少而悲伤,我反而觉得非常高兴。这正是中国空军历史上光荣的第一页,但愿他们能把这一页写好!"不久,张伯苓收到蒋介石发来的电报:

四子锡祜所在空军在江西吉安奉命赴前线，中途失事，机毁人亡。得知噩耗，张伯苓怔了许久后，对身边的人说："吾早以此子许国，今日之事，自在意中，求仁得仁，复何恸为。"

小孝治家，大孝报国！张伯苓父子的抗战家书，不由得让我们想到了岳母刺字，想到了81岁高龄的陆游叮嘱儿子的"家祭无忘告乃翁"……敬业、爱国、报国，是我国优秀家训中一脉相承到如今的优良传统，也是我国家庭教育的最大特色和最高目标。

优秀的家训家风，不仅有利于促进家庭内部的和谐、有序，具有尊老抚幼的社会保障功能。确立这种道德观念的意义还在于：进一步把家庭伦理秩序向社会进行类比和推广，要求人们要像对待亲人一样对待天下所有人，力图构建普天之下亲如一家的大同世界。浓缩在家训家规中的先人们的谆谆教诲，基本都是围绕着修身、治家、教子、处世、为官、敬业、报国等内容，是保证子孙有为、家族昌盛的遗传密码，始于家庭，终于治国平天下。家庭每个成员注重美德修养，内可昌盛家族，外可昌隆国运。倘若作为社会风气最基本的细胞的"家风"能够敦厚淳朴，那不仅家族会人才辈出、源远流长，同时整个社会的风气也会随之充满正气；反之，整个社会的风气就会戾气横生，继而会危及整个国家和民族的长治久安，个体家庭当然也就不能幸免于难。

□ 门里家风

书香传家好家风

景 湘

　　西安商家，祖上河北广平，父辈早年离乡求学，父亲商剑青在南京以第一名考分录入国民政府军政部供职。母亲王彦青，20世纪30年代毕业于国民政府教育部女子高级师范学校，留附小执教。所育一女三子，皆读书明理，学有所成。长女子渝、陕西师大中文系毕业，西安高级中学语文高级教师；长子子雍，著名文化学者、作家，陕西省杂文学会会长、西安市文联副主席、市作家协会常务副主席；次子子周，肿瘤专家，陕西省肿瘤防治研究所所长、省肿瘤医院院长；三子子秦，诗人，陕西省赋学学会会长、西安市作家协会副主席。姐弟虽术业各有专攻，然一门斯文，皆有建树。

　　商家父辈是民国末年接受教育的旧知识分子，传统文化教育在家庭根深蒂固，父母读书著文，率先垂范，言传身教。商剑青先生是一位有着阅读、思考、写作习惯的文化人，民国时期经常在多家报纸副刊发表文史、随笔之类的文章。之后，即使是命运把他抛到地处偏僻的铜川市黄堡镇，但丰富的阅读积累，深厚的文化底蕴，高度的文化自觉，让他了然，自己脚下这片貌似荒凉、贫瘠的土地，深藏着弥足珍贵的文化遗产，后人有责任将其永远记忆。尽管他并非文物考古领域的专业人士，尽管当年耀州窑"南北沿河十里，皆其陶冶之地"的辉煌盛景早已不复存在，但漆水河畔的瓷片日积月累带给他的震撼，形成他对耀州窑过往历史的思考。他撰写的论文《耀窑摭遗》，发表在五十年代，当时国内最权威的专业文物考古杂志《文物参考资料》上，专家评价："商老先生是自宋代耀州窑衰落以后，第一位以专业的眼光和水准，对耀州窑的历史进行发掘、研究，并且有成果的文化人。他被誉为'耀州窑遗址考古调查第一人。'"

在他的精神、行为影响和启蒙下，铜川市陶瓷厂及黄堡地区许多人后来在耀州窑大规模挖掘整理时，或成为群众文物保护骨干，或成为耀瓷文化研究专家。

五十年代，在那个剧烈变革的动荡时期，商剑青先生在远非理想的生存环境中，不甘沉沦，以个人的微薄之力，为中华文化的传承，做了一点工作。不但使得自己的悲剧人生有了一抹亮色，也足以证明，他是一个有着深厚优秀传统文化底蕴的读书人，是一个有文化良知的强者。

正是商家父母的藏书和阅读习惯，让下一代从小养成了终身受用无穷的读书爱好。读书，成为商家的传统家风。解放初期，家中就有一大书架各式各样的书籍。姐弟四人很小时就跟着母亲学认字、背诵古典诗词。上学之前，他们已经能够背诵许多古诗词，认识很多字，可以说是提前从起跑线上起步。姐弟们的文学爱好和功底，都是那时打下的基础。子雍、子秦著作等身自不待言，子周从医，除发表五十余篇学术论文外，也有数十万字的散文、随笔见诸报刊，儿时的"童子功"，让他

□ 门里家风

们受益终生。

商剑青先生被打成"右派分子"后,家庭生活也变得非常困难,但父母依旧鼓励支持、坚持培养子女读书上进。在他们内心深处,还是恪守着"唯有读书高"的信念。坚持读书能够改变命运,能够增强才智,读书有益于终生的信条。这种坚持让商家一代又一代的人都养成了自觉读书的好习惯,才有了书香传家的好家风。

书籍是商家几代人的传家宝。抗战时期,从北平到南京、武汉、重庆,最后到西安,一路走来,丢掉了多少东西,唯独书,一本都没有丢。"文化大革命",造反派抄家,邮票、古钱币、拓片、书籍,抄走好几大箱。"文革"结束,还回来的只有几箱书。没有人去追究其他东西的下落,因为对商家子女而言,最珍贵的莫过于这些父母留下来的书。从小,就是这些各类书籍相伴他们成长。成家以后,书籍越来越多,子渝、子雍、子秦的书房都像是一个小小的图书馆,就是学医的子周,除了医学专业书刊外,也有许多文史类的书籍。大人坐在书堆中思考、写作、感受快乐,孩子们坐在书堆中阅读、玩耍、慢慢长大。无论去谁家,子女们总是宅在家里,在书架上翻书、看书,谁有一本好书就互相推荐、借阅,不管谁出了新书,都会分赠给全家每人一本。如今,有了互联网,自己写的文章,或者别人的好文章,都会在商家"长安大家"的微信群里发表、转发。

"书犹药也,善读之可以医愚。"读书不仅可以增加知识,而且可以陶冶情操。

商剑青先生在铜川黄堡镇是名人,许多老一辈人回忆说:"商老先生是个大知识分子,学识渊博,谈吐儒雅,衣着整齐,干净利落,是一个很有修养的人,令人敬重!"

尤其令人称道的是，商老先生在自己因右派身份被下放车间劳动的受难期间，仍因他有文化受到上下干部群众的尊重，让他给工人读报辅导，并管理厂里图书室。商老先生利用这块文化阵地，言传身教，周围总围着一批热爱学习文化的人，影响了厂里一些没多少文化的工人，形成了厂里爱读书的风气。

他工作严谨，条理清晰，计划性很强；他说话和气，与同事相处得十分融洽；他乐于助人，同事只要有求于他，都会尽力而为；他严谨自律，为人正派，一身正气；他身上有着文化人的知书达理、洒脱淡泊，流露着一份坚毅、自信、不卑不亢、庄重大气，让人感到既和蔼可亲，又心生敬意。

"文革"中，虽然被揪斗，但工厂一些受他影响的老工人仍尽力保护他，在批斗会上挺身而出，上台阻止红卫兵动手打人，这在那个疯狂的十年动乱中极为罕见。正是由于有这些正直、善良并对他心怀敬意的人们的保护，他的身体基本没有受什么折磨。"文革"后期，工人师傅又四处奔走，要求为他平反，和工人师傅的这份友情，都得益于他的高尚品德和人格魅力。

父辈的优秀品质潜移默化地影响着商家子女的人生道路。尽管姐弟的少年和青年时期，皆处在比较压抑的环境，但他们不怨天尤人，完全依靠自己的刻苦勤学、睿智聪颖以及读书上进的精神，靠着个人奋斗，改变了生存环境，改变了自己的命运，创出了各自事业的一片天地。子渝在西安高级中学执教，是一个桃李满天下的优秀教师。子雍从20世纪50年代末开始写作，几十年笔耕不辍，成为著名的杂文家，西安市有突出贡献专家，出版发表文章近五百余万字，评论界对他的评价是："商子雍的作品深沉、泼辣、明快，常有风云之气，河汉之言，政论色彩和

□门里家风

抒情气息较为浓烈,这些使他步入当代思想深刻个性鲜明的杂文家行列。"子周医学院毕业分配到陕北,从公社医院干起,县级、地区级、省级医院,一步一个台阶,努力学习钻研,最后担任中华医学会肿瘤分会、中国抗癌协会常务委员、陕西省医学会肿瘤分会主任委员,成为省级医院的院长。子秦年仅十八岁就上山下乡,简单的行囊中大部分是书,三年知青,繁重的体力劳动之余,在小油灯下,读完了一大批中外名著,为日后从事文学写作打下了坚实的基础。一首《我是狼孩》,成为中国伤痕文学时代的代表作品,让他一夜"诗红"。《西安赋》等百余篇赋文,咏真笔妙,采古老之文体,开现代之新用,得各界之称赞。

商家第三代子女全部都接受过高等教育,长外孙印钢,从事影院设计建设及院线运营,历任华纳兄弟国际影业中国区总监、中华影业总经理、上海比高影院、成龙耀莱影院、北京时代今典集团总裁、CEO等职,央视财经节目特约评论员。长孙女商臻,上小学时就整天抱着一本砖头厚的名著,长大继承父业,已出版多部诗集、散文集,出任西安市作协诗歌委员会副主任,在国内颇有影响。第四代子女亦不乏优秀之才,重外孙女穆雨萱去年考入英国剑桥大学数学专业读书,重孙女商思涵酷爱读书、聪慧睿智,初中期间作文便屡屡获奖,也是商家第四代中最有文学创作潜质的后继人才。

如今的商家,祖辈早已辞世,子渝、子雍、子周、子秦姐弟年逾杖国,虽已是长安文坛、医界知名人士,仍然笔耕不辍,参加各种文化公益活动。第三代、第四代人依然如其父辈,坚持"读书"的好习惯。读书学习,奋发上进,孺子可教。商家"爱读书、会读书、读好书"的书香传家优良家风也定将代代相传,让他们终身受益。

家国安宁见太平

——赵舒翘事迹及家族后人

陈 的

一、事迹

赵舒翘,字展如,号琴舫,晚年又号慎斋,陕西长安沣西大原村人。出生于清道光二十七年(1848),卒于清光绪二十七年(1901),终年54岁。

1868年,赵舒翘19岁时开始向邻村的学者柏景伟先生学习,在清同治十三年(1875)27岁时榜中进士,分任刑部主事。并在实践中参照和整理出历代法则,撰文《提牢备考》二卷,这是中国第一部关于监狱学的著作。

赵舒翘秉性刚正,执法严明,曾平反过许多冤案,如1877年四川东乡袁廷蛟平冤案和1879年河南镇平王树汶冤案便是典型事例。尤其是王

□ 门里家风

树汶案,赵舒翘时任刑部秋审处坐办,在复案批阅案卷中,发现许多疑点,时任刑部尚书的潘祖荫迫于上峰压力,面授赵舒翘敷衍了事。赵舒翘义正词严地说:"人命至重,可迁就耶?!某可去,此案不可移!"掷地有声,坚定不移。于是细心调查,微服私访,最终王树汶案平冤昭雪,誉满天下。

1886年,赵舒翘38岁时外放安徽任凤阳府太守。凤阳临近淮河,旱涝无定,民不聊生,历年积案甚多。面临此景,赵舒翘剖断如流,秉公执法,他说:"官与民亲,少拖累数日,以全身家。"曾于居室堂中高悬《凤凰图》一幅,寓意百凤祥和,国泰民安。

时值皖北淮河连降暴雨,老百姓皆入洪水之中,赵舒翘寝食不安,立即从府库中拨银三千两,买救生红船,拯救灾民性命,并亲自冒雨勘察水势,指挥救灾,且兴办育婴堂,创建恤嫠局,收养孤儿寡母,安置灾民生活,同时又倾囊捐出自己积攒的俸银两千两,购置了大批衣料,让夫人及婢女亲手缝制,夜以继日,及早地送到灾民手中。灾情过后,赵舒翘组织精壮劳力,修堤整滩,治理淮河。凤阳百姓为纪念其恩,将凤阳城外淮河滩上修葺一新的地方,恭称为"赵公滩",而赵舒翘曾多次感言:"为官一日,力能便民者,总勉为之。"从此,凤阳一度成为淮河流域风气最好的地方。

赵舒翘在凤阳府任上始,便勤俭持政,缩衣节食,劝导家人,先后将自己的俸银5000多两,寄回长安沣西老家,聘请能工巧匠,加紧施工,用了近10年的时间,终于在1896年,完工了沣河石桥。沣河石桥约5米高,7.5米宽,既可行人,又通车马。此桥在"文革"前尚在使用,当地人借谐音誉称为"赵福桥"。

由于赵舒翘政绩卓越，为官方正，连续迁升凤颖六泗道、浙江温处道、浙江按察使、浙江布政使，并于光绪二十年（1895）擢升为江苏巡抚，当时47岁。

1894年中日甲午战争后，清政府与日本签订《马关条约》，条约规定增开苏州等地为通商口岸，并允许日本人修建工厂，赵舒翘迫于当时的形势，设法保护国内商人的利益，坚决反对将中国主权拱手让于外人。日本人曾威胁清政府并阴谋霸占苏州附近的良田美宅，赵舒翘极力抵制，并愤然说道："吾为朝廷守土，岂可尺寸失耶！"

赵舒翘在致函总理各国事务大臣提出："留民生计，系固本先务，保全厘金"的基本主张，认为："厘金能保，必生意尚在"，而"常与洋商通融，方能获利"，但是，也会出现"若动公款以为本，成败利钝，责诸绅商，其公正者既不肯任事，其任事者往往假公为私，明华暗洋"的种种弊端，号召"唯有因民所利而利之一法，广为招徕，今民股自办，几缫纱及一切制造，洋人所能者，我商悉准仿行，官但为之维持保护斯可矣"。赵舒翘采用民办官助的方法，鼓励民族商人与外国商人一比高低，不失为上策。

1897年，赵舒翘因政绩卓著，干练清明而入京任刑部左侍郎兼礼部右侍郎及总理各国事务大臣。1899年即升任刑部尚书、军机大臣、赐紫禁城骑马，兼管顺天府（北京）尹。

在督办矿务铁路及坛庙皇城工程时，对受贿赂出卖矿路主权给外国人的官员穷追猛究，杜绝了弊端。同时查明刑部江苏司印稿有受贿之事，奏请革去二司员之职，以示警诫，并面示刑部各司员，考核择优，大力提拔德才兼备的下属。经此番整治，刑部衙门风貌为之一新，当时

□ 门里家风

的刑部被公认为治理最好的部门。

赵舒翘亦向家人转达了"回避亲族"的规定，谢绝了任何拜谒送礼之人，两袖清风，一尘不染。

1899年华北平原爆发的"义和团"农民运动。1900年6月，清政府派赵舒翘到河北涿州去查看义和团的现状。由于赵舒翘当时兼管顺天府的各种事务，涿州邻近京畿地区，赵舒翘又以刑部尚书主管各种刑事案件，亦作为军机大臣的身份参与决定清政府最高统治层对义和团的策略。

在出京视察之前，赵舒翘上奏："小民之冤无处申诉，酿而为义和拳会矣，倘不审其致此之由，与寻常会匪一律严办，势必迫而成匪，民气必致大伤，不可不慎"，由此可看赵舒翘是同情义和拳的态度，并以"民气"为前提，提醒清政府的谨慎处理意见。"地方官抚之果能得法，何至激出戕官巨案？""拳会蔓延，诛不胜诛，不如抚而用之，统以将帅，编入行武，因其仇教之心，用作果敢之气，化私愤而为公义，缓急可恃，似亦因势利导之一法"，这是赵舒翘在长期官宦生涯中的实践经验。

1900年6月4日赵舒翘到达涿州，看出义和团忠勇奋发，豪爽气节，但是鲁莽粗犷，其"气功"一法，只可健体强身，而许多行为夸张乖张，实为装神弄鬼。正好另一位军机大臣刚毅来视察，赵舒翘便告辞返京，面奏慈禧。在赵舒翘看来，义和团的法术、武功、忠义都是勇气，但事实上缺乏的是智慧和物质，其法术的神秘、夸张也多是对外行而言，实不足以动摇清政府的统治。

慈禧利用义和团，因为义和团与洋人开战，一则可以挫一挫洋人的锐气；二则借义和团的兴起，转移朝廷中近日储立之争的矛盾；甚至还可以改换日渐沉暮的清军士气。于是，义和团进入了北京城，设坛扬教，控制了北京城。此时的天津大沽炮台已经沦陷，八国联军开始进犯北京。慈禧此时正式承认招抚了义和团，改"拳匪"而称为"义民"，慈禧积郁了多年的狭隘与仇恨被现实激发。

赵舒翘没有对战事直接表态。清军和义和团攻打领使馆区确实有碍国际公约，因而八国联军进犯北京，兵临城下，北京城一片混乱。当时（8月14日），慈禧召见朝廷官员，问守退之策，这一天，慈禧召见了5次大臣，直到半夜，复行垂询，上朝的人越来越少，最后只剩下了赵舒翘等三人。

赵舒翘力陈西狩，以为各省勤王之师亦将到达，外人决不能长驱直入，其时，慷慨陈词，催人泪下。慈禧于是决意两宫西狩长安，避其八国联军锋芒。

赵舒翘亲骑护驾，露餐晓行，忧心忡忡，精心照顾慈禧以及光绪诸人的衣食住行，终于在1900年10月26日两宫抵达西安。

朝廷屡次催李鸿章赴京议和。李鸿章与联军首领瓦德西晤谈，几经磋商，反复议论，终于在1901年9月7日签署《辛丑条约》共十二条。其中有"惩办祸首"一条，"祸首"即支持利用义和团的主要官员。

1901年1月25日，清政府便在西安发出上谕：赵舒翘定斩监候（死缓），囚西安监狱。消息传出后，2月17日西安几乎是全城人出动，300余名乡绅联名上书军机处，援救赵舒翘。

2月20日六万余人集会鼓楼外，有人慷慨陈词，有人扬言欲劫法场，人心沸腾，声闻于天。然而，2月21日赵舒翘被定名为"赐死"，

□ 门里家风

赐死本是封建社会国家对于曾有功于国家或者本身为重臣，但是又犯有死罪的大臣的一种处罚形式。

1901年的正月初六（2月24日）赵舒翘临刑时，先吞金子，又食鸦片，再饮砒霜，气息奄奄中又被黄表纸糊住面部，再喷以烧酒，最后被闷死了。

噩耗传出，当时朝野一致认为赵舒翘冤屈。因赵舒翘在义和团问题的态度上，没有什么过失。而八国联军最初确定"祸首"的名单上，也并无赵舒翘的名字。赵舒翘之死实死于党祸，即当时的"帝党"与"后党"的矛盾之争。

慈禧曾说："其实赵舒翘并未附和义和拳匪，但不应以拳民'不要紧'三字复我。"据说此事过后许多日，慈禧提及赵舒翘的冤死，仍泪洒衣襟。

赵舒翘的好友、晚清法律大臣沈家本在悼亡诗中，表达了强烈的悲愤之情。沈家本《大元村哭天水尚书》："始祸众亲贵，误国魄应褫。君乃罹此难，系铃铃谁解？""万恨何时平，千龄终已矣。"此处亦有"当时好恶相蒙，百年后信史一出，必有能雪其冤者"（时人吉同钧语），"青史是非，悠悠众口，吾尤愿为死者一洗之也"（时人吴永语）等同时代友人的悼亡。

赵舒翘之冤成为当时人们议论的话题。甚至在当时还有秦腔戏《赵舒翘哭狱》传演。尤其是西安地区的民众，由于无法拯救赵舒翘，群情激愤，一时社会上议论纷纷。民间相传城南王曲天空的云头上出现了赵舒翘的形象。今天看来，是人们借助于传说来寄托自己的哀思。

消息传入当时还在西安避祸的慈禧耳中，为了平息与安抚时人的愤怒，慈禧口谕册封赵舒翘为长安王曲总城隍庙中的城隍爷。

二、影响

赵舒翘毕生致力于程朱理学的研究，精研宋朱熹理学、吕祖谦的《近思录》、明薛宣的《读书录》、清陆世仪的《思辨录》、倭仁的《倭文端公遗书》等著作。并资助刊印《沈近思、余秀书遗书》，倡导理学，以正道德，同时积极推行于实践之中，制定"五箴"，修心明性，身体力行，不断贡献于百姓民众，并获得了一定的影响。近年法律出版社出版了《慎斋文集》，汇编了赵舒翘的各种著述。

赵舒翘临终叹道："十载每怀当世事，孤思何惜老来身""眼前富贵原如梦，绿水青山倍怆神"。告诫子孙立身安命之法："敬天地，要尊老；不欺小，不胡咬；房盖低，地种少；多读书，少上考"；并寄言："须从偏处克将去，要用逆力扭过来"等，也是人生心态与时事叹言。

赵舒翘死后葬于原籍长安大原村，赵家后代一直住在西安西甜水井街，依靠出租在原籍的大量土地及商铺生活。而王曲总城隍庙定期到赵家领取供奉物质，一直到解放初。

大约在1935年秋，城隍庙道士到赵家诉苦说，东北军开赴西安，要征用城隍庙的院子。赵家人回答：国难当头，家业不保；赵家能够为国捐躯，也能为国捐业。房子没有，还可以挣；国要亡了，只能当亡国奴。于是王曲城隍庙先是作为东北军的营房，后来成立了国民党黄埔七分校。1949年以后成立了解放军西安通信学院。

□ 门里家风

抗战开始，日本人向西安投弹轰炸，赵家在西安西大街的天锡楼、同福楼等饭庄及布庄、杂货铺遭到毁坏，赵家财产在长期的兵荒马乱中，渐渐损失大半。赵家的家院也涌进了许多借宿的难民，直至解放初的土地改造、公私合营，赵家的财产几乎殆尽。

"文革"开始后，因为"破四旧"，赵家又多次被抄，资料销毁，加上家境困难，家人也不愿过多议论此事。于是与王曲总城隍庙一度失去了联系，直至"文革"后期，才恢复了来往。

赵舒翘的孙子赵极峰1950年从西安中学肄业，考入中国人民解放军炮兵学校。由于家境发生了巨大的变化，加上当时也阅读了鲁迅、巴金等进步作家的文学作品以后，觉得自己应该背叛封建家庭，去投身革命事业。

这个学校当时在沈阳，是主要由苏联教官执教的学校，虽然当时新中国已经建立，但是由于与苏联的结盟关系，苏联人在东北地区还有较大的影响。赵极峰进入炮兵学校以后，经过认真严格的训练，也可以说是品学兼优。因此很快就掌握了一些地形测绘、数据分析、高射炮射击等战术理论的知识。他的这种努力以及优异成绩，也引起了当时学校领导的重视。因此在1952年，组建上海高射炮战术学校的时候，他就被派去当任战术教员。

上海高射炮学校在吴淞口，作为一个战术教员，他勤奋好学，孜孜不倦，完成了很多测绘、测量、布防图纸的绘制任务，甚至为东南沿海的战术布局做了很多细致的工作，据说这些图纸和布防数据都上送国防部门，于是他也获得了两次以上的嘉奖。赵极峰在上海生活了近十年，在此期间一直奋发向上，还经常被派到福建、浙江一带针对台湾的高射炮战术布防。军队的十年生活,对他的影响是深度的也是具体的,他自己也自认为是获得了一种新中国的主人身份,但是后来也经常发现自己有很多难言之隐和悲哀之痛,甚至有一种另类的感觉。

例如在填写各种各样的履历和政审表的时候,问及家庭出身、家庭成员、家庭财产等的时候,他常常无言以对。因为他背后担负着一种不能诉说的悲哀感。于是在1959年被转业到地方学校,后来又调入工厂,从事文化教育工作。

赵舒翘的曾孙赵农说:"赵家由于有这样一个背景,后来家庭也长期处在一个灰色调子里的生活状态中。由于这样的原因,也导致了从我祖父到我父亲都有一种灰暗心理的消极生活方式。而父母的生存压力,在这个过程中就有可能把这些艰难转嫁到我的身上。尤其是从'文化大革命'开始,我父亲心绪异乎寻常的破败,他对很多事情的理解产生了一种失望甚至绝望。在这样的背景中,我成长过程中肯定要寻找一种精神的偶像,那个时候除了读一些著作,包括鲁迅先生的一些著作之外,慢慢地知道了赵舒翘的传说故事。由于苦闷也产生了一些想法,显得比一般孩子成熟,这其中就有用赵舒翘的事迹来激励自己。"

在中国晚清的政治历史中,赵舒翘是一个典型的悲剧人物。虽然他曾以杰出的才干和方正的人格,为中国廉吏史增加了一束光泽,但是终究无法摆脱封建社会后期衰落腐败滞降的命运轮回。一个胸怀壮志,干练出众的青年知识分子,尊崇孔孟思想"修身齐家平天下"的古训,报效国家,走向仕途,在数十年刚直不阿、政绩闪烁的官宦生涯中,平步青云,位及中枢,他似乎是成功的,也是幸运的。然而时代的命运将他推向人生理想的峰巅时,却又将他抛下无法抉择的历史深渊。在汹涌澎

□ 门里家风

澎的社会变革面前，被卷入中华民族灾难深重、丧权辱国的现实中，成为那个时代的牺牲者。因而，这个悲剧不全是由他个人造成的，这是晚清社会历史的必然结局，也是中华民族近代史艰难挣扎进程中的一段缩影。

20世纪80年代改革开放后，赵舒翘的曾孙赵农积极求学，在中央工艺美术学院毕业后，进入西安美术学院。作为博士生导师，多年来教书育人，坚持学术研究，著述及教材在艺术史研究领域都有广泛地影响，获得了许多社会荣誉。

赵农说："对我成长影响最大的人还是赵舒翘。包括后来得知他作为神明，被敬奉到城隍庙的时候，在我苦闷困难的时候，也去庙里清清心。庙里挂着一副对联叫'心中若存正直，到此不拜何妨'，意思就是说人还是应该有骨气，要有精神气节的砥砺过程。"

后来90年代中期，由于家族在城市改造拆迁中产生的一些矛盾，赵农也用赵舒翘的故事来激励大家甚至劝善大家。但是要理解赵舒翘的人格精神也好，以及他的遭遇也好，还要进行大量的思考，宏观的认同这件事情的发展过程中并分析其原因及导致的结果，而不是细节的纠缠。所以赵农说："把他作为一位距离我比较近的精神巨人，到了我们父母这一代由于社会条件的限制，无法转化成积极动力，也就很少延续下来。而到了我这个时候，可以转化成精神力量，因为更多的是精神层面的影响。当然也把这种影响传递到我的子女身上，从小教育他们，给他们讲赵舒翘的故事。"

赵农从家庭变迁与遭遇中，不断反思，吸取了很多的教训和经验，认识到个人努力在家族过程中的重要性，并由此避免一些重蹈覆辙的灾难。他把这些经验教训传递给子女，让后人有一个警惕和认识，并转化成为人生的积极思考。他的这种对家庭命运兴盛与颠覆的周而复始规律的把握，更符合于大道至简、家国安宁、天下太平的存在。

读书学问之路根本目的还是在传承一种自身的文化理念。如今赵农的儿子赵汗青就读于中央美术学院人文学院研究生，研究中国书画史论。女儿赵丹青毕业于中央音乐学院二胡专业，开办个人音乐工作室，传道授业，拓展二胡事业。

是谓峰回路转，柳暗花明。

□ 门里家风

尽忠报国

——辛亥革命志士白文焕家族纪事

姬乃军

辛亥革命结束了统治中国几千年的君主专制制度，是20世纪中国所发生的第一次历史性巨变，是一次完全意义上的反帝反封建的民族民主革命。

2011年10月10日，是伟大的辛亥革命一百周年纪念日。社会各界举行了各种形式的活动，隆重纪念辛亥革命。作为纪念活动的重要组成部分，中央电视台电视剧频道在黄金时段，开始播出30集大型连续剧《陕北汉子》。陕西电视台也同步播出该剧。

《陕北汉子》的播出，在全国各地引起了强烈的反响。电视连续剧主角的原型白文焕先生重现在历史的天空，登上了荣誉的殿堂。

白文焕是陕西靖边镇靖堡人，出生于1883年。幼时家贫，11岁时到城内学堂帮厨做饭。他挤出时间旁听识字，深受先生喜爱，随赐名文焕，字章甫。四年后，聪颖强记的白文焕半工半读，成为当地一名能写会算的"文化人"。随后，他得到靖边知县丁锡奎赏识，用为县衙差役。后升职为掌管钱粮的户房。期间，得以在本县崇正书院听取讲学，学识精进。18岁那一年，白文焕娶本县贺氏女为妻，共育五子五女。

20世纪初期，清王朝腐朽衰败，风雨飘摇。白文焕毅然离职，加入哥老会。他为人豪爽仗义，做事干练，不久即被推选为某堂会龙头大爷。1911年4月27日，同盟会领导发动了广州黄花岗起义，震动了全国。白文焕闻讯后，率领四百多名弟兄南下，准备参加起义。途中，传来了黄花岗起义失败的消息。他力排众议，坚持率众南下。到达武昌后，当地新军力劝他们停止南下。白文焕等遂编入革命党人熊秉坤、金兆龙为首的新军工程第八营，以待时局变化。为筹集军需，白文焕扮作行商，往来于鄂陕豫一带，为新军筹集了3000多石粮食、1万多两白银和10万多尺布匹等。

10月10日晚，在革命党人熊秉坤的带领下，新军工程第八营打响了武昌起义的第一枪。白文焕率部参加了占领楚望台军械库和总督府的战斗。武昌起义胜利后，各省纷纷响应，宣布独立。1912年1月1日，孙中山先生在南京宣誓就任临时大总统，宣告中华民国临时政府成立。2月12日，清帝宣布退位。孙中山先生于次日向临时参议院提出辞职。2月15日，袁世凯当选临时大总统。3月10日，袁世凯在北京正式就任临时大总统。4月5日，临时参议院议决临时政府迁往北京。

此后，篡夺了革命果实的北洋军阀政府开始瓦解与削弱哥老会的势力。白文焕回到家乡，避匿民间，扶贫济困，福祉乡里。白文焕治家，严谨勤俭，父严子孝。他家的大门门楣上刻有"团结室"三个大字，柱

□门里家风

头上刻有"勤劳"两个大字,白文焕家兄恭弟谦,妯娌相敬,和睦相处,子孙效法。三代同炊,鲜生龃龉,在当地传为佳话。

白文焕在帮穷扶困,和睦乡邻,勤俭持家的同时,始终关注着时局的变化。1922年秋,陕西靖国军第三路司令杨虎城率部北上榆林,投靠蒲城同乡井岳秀。所部被改编为陕北镇守使署暂编步兵团,主力驻扎靖边、安边一带。白文焕应杨虎城之邀,出任该部粮台,筹措粮草,使该部渡过了难关。从此,杨虎城与白文焕结下终身之谊。就在这一年,白文焕与保安县金汤镇的刘培基(刘志丹的父亲)拈香结拜,义结金兰。次年寒假,在榆林中学读书的刘志丹回乡途中,专程来到镇靖堡,拜访了义父白文焕。

1926年4月,镇嵩军首领刘镇华被直系军阀吴佩孚委以"讨贼联军陕甘军总司令",率领十万大军占领关中东部各县,对西安城形成合围。在艰苦卓绝的西安反围城斗争期间,白文焕不避艰险,冒险运粮两万余斤,送进西安城,缓解了西安城缺粮之危。此举令杨虎城、李虎臣二位将军深受感动,传为佳话。

民国十八年(1929),陕西大旱,赤地千里,满目疮痍,民不聊生,许多地方竟至刀镰不动。面对奇灾大荒,白文焕捐献精米4000余斤、银圆300元,用以赈济灾民。他还热心地方公益事业,募集银圆一千多元,带领灾民中的青壮年劳力,组成县工程队,自任队长,修补了镇靖城,建成了北河湾、东河湾两座渡桥。

1932年12月,刘志丹、谢子长领导的陕甘游击队改编为红军,开始创建以耀县照金为中心的陕甘边革命根据地。1933年11月,开辟了以南梁地区为中心的新根据地。1934年11月,正式成立了由习仲勋任主席的陕甘边区苏维埃政府。在此期间，白文焕受刘志丹重托，以哥老会龙头大爷的身份，随骆驼队戏班子多次出入白区，采购了价值几万元银圆的药品，秘密送入红区，为巩固与扩大根据地，做出了不可替代的贡献。

作为一位德高望重的长者，白文焕教子有方，治家有功。先生的五个儿子鸿魁、登魁、福魁、白坚、英魁皆曾业读。五个女儿兰香、清芳、蕙兰、白敏、挡住，其中有两人进入师范学校学习。

白文焕的四子白坚，曾用名仕魁，生于1911年。1925年后，先后就读于榆林中学、绥德四师和北平辅仁大学。1926年加入共青团，1928年转为中国共产党党员。曾任中共河北省委驻冀东巡视员、共青团保定特派员兼团保定特委书记。1932年参加领导高蠡农民运动。同年调北平任中共西城区委书记。当年底前往长城前线东北军骑二师，与在该师的刘澜波、孙志远等组成党的秘密工作委员会，并任工委书记。1933年到察哈尔抗日同盟军任政治部组织部部长。后调任共青团冀中特委书记。1934年奉命返回陕北，任陕甘苏区游击北路纵队指挥、陕北省苏维埃政府委员等职。1935年2月，参加了著名的周家硷会议，任新成立的西北革命军事委员会秘书长兼政治部主任，协作刘志丹指挥部队，解放了六座县城，把陕甘边和陕北两块根据地连接在一起。

1935年10月19日，中共中央和毛泽东率领中央红军，到达吴起镇，进入西北革命根据地（亦称陕甘革命根据地）。白文焕闻讯后，赶着牲口到吴起镇给中央红军送棉被和棉衣，表达了根据地人民对中央红军的一片深情。

1936年，为了建立抗日民族统一战线，党中央指派白坚担任联络

□门里家风

员，多次前往洛川、西安等地，做联络工作。毛泽东在保安召见了白文焕，请他前往西安做杨虎城的联络工作。白文焕随即前往西安，在止园与杨虎城长谈，为第十七路军与红军的秘密停战做出了贡献。

1936年秋，全国哥老会代表会在保安（今志丹）马头山召开。白文焕出席了会议，并分工任哥老会北保大爷。负责哥老会北方地区联络事宜。

西安事变发生后，白文焕和白坚父子奉命多次往返保安、延安和西安之间，为西安事变的和平解决做了许多工作。

全面抗战爆发后，白文焕出任靖边县参议会议长，并任陕甘宁边区参议会议员。其长子鸿魁当选为靖边县参议会常驻议员兼秘书长。1941年11月，白文焕在边区第二届参议会第一次会议上，当选为边区政府委员。无论是担任边区参议会议员，还是担任边区政府委员，白文焕都以自己的远见卓识，为建设模范的抗日民主根据地而建言献策，受到各级政府的高度重视。

全面抗战时期，白坚和夫人石侠一直在晋绥分区工作。白坚先后任中共岢岚地委书记兼八路军第一二〇师岢岚办事处主任，中共晋绥分区第四地委书记，中共晋绥第三分区地委书记，八路军第一二〇师第三军分区政治委员等职。1945年4月至6月，白坚作为晋绥代表团正式代表，出席了党的七大会议。石侠先后担任中共岢岚地委组织部秘书、中共晋绥第三分区地委党校总支书记等职。

1944年8月17日，白文焕先生因病在靖边家乡与世长辞。8月25日、26日连续两天，中共中央机关报《解放日报》都刊发了白文焕先生逝世的讣告。9月4日，靖边各界在张家畔大操场举行了白文焕先生的追悼会。9月24日，延安各界在南关参议会礼堂举行白文焕先生追悼会。中央和边区各机关送了花圈。边区参议会副议长谢觉哉敬献挽联："论政唯团结抗日为重，犹忆议席谈锋称君健爽；边区正准备反攻之时，那堪乡邦耆宿遽尔凋零。"白文焕先生波澜壮阔的人生历程，以及他在每一个历史转折关头都勇立潮头的大智大勇和他的人格魅力，都彰显了一位陕北汉子的风范。人们在赞扬之余，更多的是仰止之情。

继承白文焕先生的遗愿，先生的后人在继续奋斗。

抗日战争胜利后，白坚奔赴东北解放区，先后任中共辽宁省分委书记、辽宁军区政治委员，中共辽宁省委副书记等职。新中国成立后，白坚先后任华北行政委员会秘书长、中共天津市委副书记兼天津市副市长，天津市人民政府党组书记，国务院三机部党组副书记，国务院一机部党组副书记、副部长等职。"文化大革命"期间，白坚受到迫害。1968年12月1日，白坚因病在北京逝世，年仅57岁。1978年，白坚得到平反昭雪。同年12月9日，在北京八宝山革命公墓礼堂，为白坚举行了隆重的追悼会。

"文化大革命"期间，白文焕在家乡生活的后人们，也都不同程度地受到了牵连或迫害。先生的长子鸿魁被定为"富农分子"，失去人身自由，并于1972年病故。次子福魁和五子英魁，均正当壮年而分别于1967年和1973年因病去世。

党的十一届三中全会的召开，实现了伟大的历史转折。中国进入了改革开放的新阶段。在时代大潮的推动下，白文焕先生的后人们，也踏上了新的人生起点。

□ 门里家风

　　白坚的次子白克明，出生于1943年。1968年毕业于哈尔滨军事工程学院。1975年加入中国共产党。1978年后，先后任国家教委办公厅副主任、国务院研究室教科文卫局局长，中共中央宣传部秘书长、副部长，海南省委书记、河北省委书记等职。2002年11月，白克明在党的十六大会议上，当选为中央委员。后任第十届全国人大常委会教科文卫委员会副主任、第十一届全国人大常委会教科文卫委员会主任等职。

　　秉承白文焕先生"爱国典范，治家楷模"的盛德，先生的后人们无论是工作在哪一条战线上，都兢兢业业、任劳任怨，认认真真做人，踏踏实实干事，足迹所到，都留下了很好的口碑。正所谓"厚德传家，英才辈出"。

　　白克勤是登魁之子，是白文焕先生的长孙。早在1944年就已投身革命。1949年9月，随解放军进军宁夏，遂扎根于此，直至1999年病逝。

　　白克峰是英魁三子，为本县的教育事业做出了很大的贡献。从1998年至2007年，连续担任靖边县政协委员。

　　英魁四子克云，是白文焕先生最小的孙子，在孙辈中排行老十。克云高中毕业后，返乡务农，曾担任镇靖村村委会主任。从2008年起，任靖边县政协委员。为了弘扬先祖白文焕先生的爱国精神，使良好的家风世代传递，克云不仅言传身教，还将家宅一院无偿用于建设白文焕纪念馆。

　　在榆林市和靖边县两级政府的统一协调与建设的基础上，经过一年半的努力，坐落在先生故居旁的白文焕纪念馆于2011年11月2日正式竣工。社会各界和靖边白氏族人一千多人出席了白文焕纪念馆开馆暨白文焕塑像揭幕仪式。

如今，白文焕纪念馆已成为榆林市和靖边县两级青少年爱国主义教育基地，也成为靖边县的重要旅游景点，担负起红色基因传承的光荣使命。

电视连续剧《陕北汉子》播出后，好评如潮。白克云长子白建文，为了纪念曾祖父白文焕先生，并传承与弘扬陕北汉子精神，又以"陕北汉子"注册为公司商标，成立了靖边县一统农产品开发有限责任公司。2014年5月，白建文紧紧抓住国家号召大众创业，发展民营经济的机遇，在国家级农业高新技术产业示范区杨凌成立了陕西一统餐饮管理股份有限公司。发展到今天，公司已成为一家集农产品种植、半成品加工、食品研发、中央厨房生产、冷链物流配送和特产销售为一体的跨行业、跨地区的涉农高新企业。

1942年5月，白文焕先生为靖边县第二届参议会第二次会议特刊题词："民主政治，统一抗战。"这是一位辛亥革命志士和抗日民族统一战线坚定维护者的誓言。为了铭记先生的功绩，并使先生创立的良好家风盛德永芳，世泽留长，陕西靖边镇靖镇白氏一族，从2011年冬起，即商议决定编撰族谱。经过六年的辛勤努力，到2017年底，《陕西靖边镇靖镇白氏族谱》正式付梓面世。

2009年秋，白克明回乡省亲，为先祖白文焕故居陈列题词："尽忠报国。"2014年5月，白克明为靖边镇靖镇白氏族谱题词："俭以持家则兴，善以待人则立。"白克明的两幅题词，高度概括了白文焕家族的家风家训。

在勤劳、勇敢、忠诚的陕西靖边镇靖镇白氏后裔面前，还有着很长很长的路要走。牢记先辈创业苦，不将今日负初心。我们寄希望于白文焕先生的后裔，继续戮力前行！

□ 门里家风

罗盘上的"家"与"冢"

靳伦新

有两个汉字足以说明罗盘上的家的深刻含义，一个是家，一个是冢（zhǒng）。一"、"在"宀"上是家，生者居住的地方；一"、"在"宀"下是冢，死者居住的地方。不管是"家"与"冢"，罗盘视其原理相同，都体现了回家，所谓生者寄也，死者归也。

罗盘怎样选择死者的家？

一般正常情况，死者多是活人的父母，祖父祖母，哥嫂等，"黑发人送白发人"，送他们到另一个世界去住家。有一种崇敬、祭奠、荫庇、感恩的心态在支配活人的行动。"入土为安"是土地广袤的华夏民族必然选择，在"天人合一""阴阳五行"理论指导下，把死人的家称为"冢"，其选择条件基本是地脉地线优等，藏风聚气，骨蕴子孙之处。要求环境为左青龙蜿蜒，右白虎驯服，前朱雀翔舞，后玄武垂头。要选择到这样的地方，要经过长时间的过程，中国历代帝王登基后，第二年就开始修建皇陵，民间有三年寻龙，十年点穴的说法，首先选择真龙脉线，其次选择明堂罗城，水口卫砂，达到地中生气凝聚、山水融结、砂水环抱、穴统八方等等，对死者的家的选择要慎之又慎。把死者的枯骨通过地脉地穴与后代的繁荣昌盛联系起来，这就是罗盘对死人的家——阴宅的功效原理，对死者的尊重，具体表现为中华传统文化的祖宗信仰，不忘初心，方得始终，慎终追远，民德归厚焉。

罗盘怎样选择生者的家？

罗盘对生者的家——阳宅的功效原理。家要选择山环水抱，水质优良，物产丰富的地方。要求视角上宅后来脉悠远，连绵起伏，生气贯通。左青龙、右白虎、前朱雀、后玄武。二水环绕相交，环抱堂前，盘桓有情，朝山端正，拱卫而成，层层护卫，才是上好的居家之地。建筑适宜，回归自然，返璞归真，天人合一。除此之外，还要求生存生活条件：

1. 讲究土质。特定土壤生长出的植物对人的体形、体质、生育、都有影响。潮湿腐败之地是细菌的天然培养基地，是产生各种疾病的根源，因此不宜建宅。

2. 讲究地球磁场。地球是一个被磁场包围的星球，人感觉不到它的存在，但它的场对人发生着作用。强烈的磁场治病，也可以伤人，甚至引起头晕、嗜睡、或神经衰退。

3. 依山傍水。山体是大地的骨架，也是人们生活资源的天然库存。水是生命的源泉，没有水，人就不能生存。植物需要浇水，人需要饮用水，而水质决定生命的状况。水质直接影响人的体质，许多疾病都由水质而引起，如顶秃、咽炎、颈癌、板疮、佝偻等病都与水质有关。罗盘主张"寻龙从气，认气尝水"。其色碧，其味甘，其气香，为上等水；其色白，其味清，其气温，为中等水；其色淡，其味辛，其气烈，为下等，这样标准的水是能够饮用的吉水。若酸涩，气味腥，热汤沸腾，混浊赤红，是不能饮用的不吉之水。

4. 采光充足。北方一般选择坐北朝南，南方根据山形地貌选择采光方向。采光的好处，一是可以取暖；二是光参与人体维生素合成，小儿常晒太阳可预防佝偻病；三是阳光中的紫外线具有杀菌作用，防病治病；四是阳光可以增强人体免疫功能。

5. 顺乘生气。识别生气的关键是望水，水气相通相逐。水有两种，一是溢于地外而有迹者为水，二是行于地中而无形者为气。表里同用，此造化之妙用。行龙必水辅，气止水界。在有生气地方修建房屋，才叫顺乘生气。只有得到生气的滋润，植物才会欣欣向荣，人类才会健康长寿。

6. 适中原则。适中就是恰到好处，不偏不倚，不大不小，不高不低，尽可能优化美观受看。罗盘要求房屋左右要对称，大小要协调，房大人少不吉，房小人多不吉，房小门大不吉，房大门小不吉。古人说"凡阳宅地基方正，间架整齐，东盈西缩，定损丁财。"

罗盘对"家"与"冢"的要求

1. 对待祖先的家（冢）要定期走动。对祖先坟墓要求经常维修维护，定期祭拜，不忘祖宗的恩典。祭拜是祖先的枯骨通过优等地脉地线，与子孙骨血形成中和磁场，以信号的方式联系起来，达到子孙繁荣昌盛的目的。

2. 对待生者的家要有规矩方圆。"清早起来，打扫庭除"，是古训对家园清洁的基本行为，所以要求家要有清洁整洁的面貌，家庭成员要有尊长次序，家长一定要公正公平。对小孩要重品德教育。要求主妇柔顺谦逊，把家庭成员粘和起来，实现正常运转。罗盘特别要求家庭一定要有文化传承。

总之，罗盘上的"家"与"冢"，是一种天理自然，传承久远的家。最后讲一小故事，可能引起读者的积极思考。

福人居福地，福地福人居，说的是积德行善的因果，好的"家"和"冢"永远在等待有缘人去享用。

说，有一个富翁醉倒在他的别墅外面，他的保安扶起他说："先生，让我扶你回家吧！"富翁反问保安："家？我的家在哪里？你能扶我回得了家吗？"保安大惑不解，指着不远处的别墅说："那不是你的家么？"富翁指了指自己的心窝，又指了指豪华别墅，一本正经，断断续续地回答说："那，那不是我的家，那只是我的房屋。我现在穷得只剩下钱了！"

□ 门里家风

天下兴亡　我的责任

高震东

"震",震动、震惊的意思。《序卦传》说:"主器者莫若长子,故授之以震。"震东先生带着使命、责任和担当对当前的教育指点迷津,可谓震动东方……以下为其演讲全文。

同学们,你们说"天下兴亡"的下一句是什么?(匹夫有责)不,是"我的责任"。如果今年高考每个人都额外加10分,那不等于没有加吗?"天下兴亡,匹夫有责"等于大家无责。"匹夫有责"要改成"我的责任",我是这样教我的学生的。所以说,现在我们大陆教育办得不好,是我高震东的责任,只因为这样,我才到大陆专门举办道德方面的演讲。"以天下兴亡为己任"是孟子的思想。

禹是人,舜是人,我也是人啊!他们能做到的,我为什么不能呢?"天下兴亡,我的责任",唯有坚持这个思想,我们的国家才有希望。我们每个学生,如果人人都说:学校秩序不好,是我的责任;国家教育办不好，是我的责任；国家不强盛，我的责任……人人都能主动负责，天下哪有不兴盛的国家？哪有不团结的团体？所以我说，每个学生都应该把责任拉到自己身上来，而不是推出去。我在台湾办学校就是这样，如果教室很脏，我问"怎么回事"，学生会这样说："老师，对不起，这是我的责任。"然后马上去打扫。灯泡坏了，哪个学生看见了，自己就会掏钱去买一个安上，窗户玻璃坏了，学生自己马上买一块换上它……这才是教育，不把责任推出去，而是揽过来。也许有些人说，这是吃亏，我告诉你，吃亏就是占便宜，这种教育要牢牢记在心里，我们每个中国人都要记住！

学校更应该训练学生这种"天下兴亡，我的责任"的思想。校园不干净，就应该是大家的责任。如果大家都不破坏，它会脏吗？你只指望几个工人做这个工作，说："这是他们的事。我是来读书的，不是扫地的。"这是什么观念？你读书干什么？读书不是为国家服务吗？眼前的务你都不服，你还能为未来服务？水龙头漏水，你不能堵住吗？有人会说："那不是我的事，那是总务处的事。"这是错误的。一般人最坏的毛病是这样：打开水龙头后，发现没水，又去开第二个，第二个也没有，又去开第三个，这样的学生，在我学校是要被开除的！连举一反三都不懂，第一个没水，第二个会有吗？你就没想到水会来吗？人无远虑怎么能行？作为一个干部，作为一个人，都要想到后果，后果看得越远的人，越是一个成功的人，一个只管眼前，不顾将来的人，不是一个好干部，不是一个有用的人。水管不关，来了水后让它哗哗哗满池子去流，仍不去关注："反正是国家的水，不是我自己的"，浪费国家的，就是汉奸！你为什么浪费国家的水？你为什么浪费国家的资源？省水就是省

□ 门里家风

电,就是节省国家资源。爱国有两种,一种是积极爱国,一种是消极爱国。积极爱国是为国家创造财富,消极爱国是为国家节省财富。国家用那么多百姓的民脂民膏来供你读书,你还浪费国家的财富,你的良心何在?你上大学都如此,怎么能期望于中学生、小学生呢?怎么能期望于一般老百姓呢?你高级知识分子都不爱国,怎么能让老百姓去爱国呢?从自己身边做起,我们国家才有希望。这就是"天下兴亡,我的责任"的积极负责的道德观念,这就是道德教育。

另一点,我们要有"勿以善小而不为,勿以恶小而为之"的敬业观念。天下有大事吗?没有。但任何小事都是大事。集小恶则成大恶,集小善则为大善。培养良好的道德,是从尊敬老师开始的,是从那很小很小的事开始的。这种道德是慢慢建立起来的,而不专门找到大事才干。今天上午下课的时候,我和师大校长一块出来,礼堂里有很多废纸。我说不要捡,要等下午学生自己捡。同学们,谁丢下这些纸屑就是不爱国。天下无大事,请先把自己脚下的纸屑捡起来。好的,同学们捡起自己脚下的废纸,这就是爱国的开始。我给大家讲两个关于废纸的故事。

第一个,美国福特公司的创造人福特先生大学毕业后,去一家汽车公司应聘,走进董事长的办公室后,发现门口地上有一张废纸,便弯腰捡起顺手扔进废纸篓里,然后才走到董事长的办公桌前,说:"我是来应聘的福特。"董事长告诉福特他已被录用。福特惊讶地说:"董事长,我觉得前几位都比我好,你怎么录用我了呢?"董事长说:"福特先生,前面三位的确学历比你高,但他们的眼睛只能看见大事,而看不见小事。你的眼睛能看见小事,我认为能看见小事的人,将来自然看到大事,一个只能看见大事的人,他会忽略很多小事,是不会成功的。"福特进了这个公司后,不久就扬名天下,改变了整个美国的国民经济状况,使美国的汽车产业在世界占据鳌头。大家说,这张废纸重不重要?

第二个,当亚运会在日本广岛结束的时候,六万人的会场上竟没有一张废纸。全世界的报纸都登文惊叹:"可敬,可怕的日本民族!"就是因为没有一张废纸,就使全世界为之惊讶。我让大家捡起一张废纸,这就是爱国的开始。万事从小事做起。

美国太空船快到月球了,它却不能登上去而无奈地返了回来,为什么?只是因为一节30块钱的小电池坏了,他们这个酝酿很久的航天计划被破坏了,几亿元报废了!天下有大事吗?大家看哪次飞机失事是翅膀和头一齐掉下来的?都是一节油管不通,一个轮胎放不下来才失事的。一个人的死,哪个是全身溃烂死掉的?都是肝坏了,心脏有毛病,一个小器官不正常而死掉的。同学们,从现在开始,你们要有敬业的观念。我们中国实行九年制教育的目的就是这样,就是要看你怎样同老师相处,怎样与朋友相处,这就是教育的目的。从古至今,中国的教育才是最伟大的教育,你把西方的教育看作是最先进的教育,那就是大错特错了。美国的教育部长曾发表讲话说:"我们国家的教育是彻底失败的,我们把人教成了肉机器,我们要向东方学习人文教育!"所以说,我们祖国的教育是世界上最伟大的教育!孔子告诉我们:学而不思则罔,思而不学则殆。一个学生要不断地学,不断地想,不断地做,这就是真正的教育,这就是中国教育的精髓所在。

再一个,我们要进行吃中国饭、说中国话、过中国节和穿中国服装的振兴民族文化的道德教育。一个中国人连中国饭都不吃了,能叫中国人吗?吃中国饭的第一代表是使用筷子。筷子原是中国的文化,是文明

□ 门里家风

的行为。学生要吃烧鸡,我说可以,如果他说要吃 KFC,我要揍他,他说吃面包夹豆腐乳,可以,他说吃"汉堡"却不可以。你可以吃碉堡,但不能吃"汉堡"。这就是中国的民族精神教育!外国只是机器、枪炮比我们强,吃的能与中国比吗?吃外国人的东西只是一种怪心态,可悲啊!

我们要进行为国家而求学问,为社会分工而学技能的利他、利群的道德教育,大家先要想想为什么读书,为谁读书?你们要反思一下。有些人也许会说,为自己找个饭碗而读书!这是多么卑鄙和渺小,多么无聊和可怜啊!你绝对不应该单是为找个饭碗而活着!找个饭碗吃饭太简单了!拿个刀子,找个人随便捅一下,绝对一辈子有了饭吃,而且还有人伺候,还有人为你做饭,睡觉时还有人为你站岗,你的东西一样少不了!那不就解决吃饭了吗?你为什么不干呢?因为我告诉你了,要学好生存的技能,要懂得生命的意义和价值,那里不是创造人类价值的地方!所以,我们要知道读书绝对不是为了自己,读书是为了国家而求学问,所以,我们要告诉孩子们读书、做事要确定一个方向:先做自己应该做的事,再做自己喜欢做的事。

很多人为兴趣而读书,岂有此理!读书有什么兴趣?真正的目标不应是兴趣,而是责任,在责任当中找到兴趣,但不能用兴趣代替责任。越在黑暗中越做光明的事,这就是道德教育。我们读书是为了国家。同学们,你们想想你们从小受到的是什么教育?尤其是农村子弟,你爹妈是怎么教你的?他们这样告诉你:你要好好念书!你不好好念书,将来就不能出人头地,你必须努力奋斗好好读书,你才有前途,读书是为了你的幸福,读书是为了你的前途!读书一切是为了你!你就是在这种教育下长大的，这就是最错误的教育，这就是最糟糕的教育！所以小孩子长大后就知道，啊哈，读书就是为了我呀，与任何人不相干，为了我的前途，为了我的未来，为了我的希望，你看这个国家还有希望吗？它与国家毫不相干！他喝着国家的奶水，用着国家纳税人的钱，拿民脂民膏培养出来的却是一个自私自利的小孩，培养出一批自私自利的老师，你想：这国家会有前途吗？你读书的方向都错了，读书不是为了自己，读书是为了我们的国家，国家需要人才，国家需要干部，国家需要建国的栋梁。国家为什么培养你？国家是欠你的吗？你能白白吃国家的饭吗？白白享用这里的宿舍和餐厅、白白地享受老师对你知识的传授吗？你凭什么？你对国家有什么贡献？你对社会有什么贡献？有什么牺牲？你一切都没有，你只是个造粪的机器而已，你每天吃饭，无所事事，你对国家有什么贡献？国家在期盼着你的贡献，期盼着你的未来，因为有一天你会长大，有一天你会学成，你要为国家做事，所以国家才在你的身上投资，让你为国效命。道德教育必须以爱国教育为前提，今天，我们要爱我们的国家。正好你们是读师大的，你们在三四年之后要培养跨世纪的接班人，你的责任比谁都大。如果你都没有国家观念，你都不爱国，你怎么要求你的学生爱国呢？所以说今天的老师是最重要的。你们爱国，学生自然爱国！如果不爱国，天天发牢骚，天天想转行，天天想下海，那下一代还有什么希望？

我这里特别强调的是国家观念。

我常常给我的学生讲一个故事：我们有一天出去旅行，忽然间暴风雨来了，我们没有地方避风躲雨，孩子们向前跑，一看前面有个草棚，大家"哗"地冲了进去，一冲进去大雨就来了。大家好高兴："哇，今

□ 门里家风

天运气不错,刚刚找了房子大雨就来了,太快乐了!"大家也不顾虑房子干不干净,有没有人住过,只要有避雨的地方就很满足了。但这个房子在风雨中突然间要倒塌,同学们想尽办法"扶住它,不能让房子倒塌"。在这种情况下,我很感慨,同学们,你们说是我们需要房子呢,还是房子需要我们呢?我看是我们需要这座房子。这座房子就是我们的国家,再破再烂,是我们的国家,再穷再破,是我们的家,我们要爱她!你怎么可以羡慕外国人呢?"唉,你看外国人多好,我不当中国人,我想当外国人!"那是不对的。我们国家不如别人,我们承认,但是我们有决心,我们会慢慢把它搞好,但我们一定要牺牲自己,有热爱国家的观念。我走到哪里吃自己、用自己,坐你的汽车给车钱,住你的旅馆给你旅馆钱,吃你的饭给饭钱,绝对不沾国家一毛钱。我就是要做个示范给你看!什么叫爱国,是我们把东西把钱把命给国家,这叫爱国。

有人说:老师,你让我爱国,我可以爱国,不过,国家在哪里?我找不着!"不识庐山真面目,只缘身在此山中。"你在国家里头,不知国家在哪。当老师的,国家就是你面前的学生。你往讲台上一站,下边的学生就是你的国家,找国家太容易了。今天我往这儿一站,下面1500人就是我的国家,我必须对你们尽心尽责,就要产生教化作用,影响作用,你就是我的国家,我爱你,就是我爱国,把我的思想传播给你,就是爱国!那你以后往你的学生前一站,那就是你的国家。你不能浪费他的时间,他的生命,你要好好为国家培养下一代,你给他这种爱国思想,你就是一个爱国者。

同学们,将来你也许有留学的机会,你要注意到,不要让自己丢了中国人的脸。你别去了不回来,这丢了中国人的脸呢!外国人是不会看得起你的。他们会说："你看，这些留学生一点爱国观念都没有，这些小亡国奴！"人家怎么会看得起你？这很丢脸，是很难为情的一件事。

国家对我们来说很重要，你不到国外不知道"祖国"的重要。一个没有国家的，一个国势很弱的人，实在是太可怜了！太可悲了！所以，我们今天的中国人要自强、自爱，我们要知道爱我们的国家。国家不壮大，你个人再有钱有什么用？再有地位有什么用？你永远不受人尊敬啊！我今天讲了什么是爱国主义，哪里是爱国主义，处处都是爱国主义！任何一个行为都可以爱国。

大家都知道以色列和阿拉伯的战争，当他们打仗打得正热闹的时候，世界正举行选美比赛，那年以色列小姐正好当选"世界小姐"。许多电影界的人士都围住了她："小姐签约吧，将来你可以发大财了！""签约后你名利双收，你何必回国呢，你的国家正在打仗，那么一个小国，随时会被吃掉的！""你回去多可怕！你现在又有钱，又有名，留在美国吧！"这姑娘却在电视上发表谈话：世界小姐不是我个人想选，我只是让你们知道，以色列是一个优秀的民族，所以我出来竞选。我想让人们知道：地球上有以色列这个国家，所以我要出来竞选。我今天被选上了，就完成了我的任务，我也告诉世界：以色列是个优秀的民族，因为我是世界上最漂亮的女人。同时还告诉世界：以色列这个国家正在艰苦奋战，希望全世界的人民同情我们，支持我们！支持我们国家的独立！现在我的国家正在打仗，要钱何用？我们以色列亡国两千年，因为我们文化不亡，所以我们还能建国。今天我要回去，为祖国而战！她发表完这番谈话，第二天就坐飞机回国了。这个消息发表后，全世界的人对以色列刮目相看！哇，以色列人真了不起！于是，以色列的军队军心大振，他们像疯了一样，把阿拉伯的军队打得干干净净！这就是历史上

□ 门里家风

最伟大的七日战争！七天打完，这就是因为一个女孩子的一句话！

所以，同学们，爱国常常表现在一个微小的地方。"一言以丧邦，一言以兴邦。"我们是受过高等教育的人，我们肩负着国家的荣辱啊，人家看到我们就看到国家的希望。同学们，国家的前途是向后看的，个人的前途是向前看的。老师这一回顾，就知道二十年以后的中国是什么样子，看看小学生就知道三十年后的中国是什么现象。如果他品德良好，道德高尚、爱国，二十年后国家就有希望。如果看到这个小朋友很爱国，很有礼貌，很有道德，那么三十年后的中国人是了不起的中国人。否则看着他怠惰、自私、傲慢、无礼、没有水准，就知道三十年后中国会是怎么样。我们今天要雪耻图强，力争做得更好。不要丢了祖宗的脸，不要丢了我们汉唐先烈的脸。

爱国是很具体的。我们学校门口有个标语：离开校门一步，肩负忠信荣辱。推而广之，离开国门一步，个人成长，肩负全国荣辱。吐一口痰在中国是小事，如在国外你是丢了十三亿同胞的脸，因为你代表十三亿中国人，而不是你个人，你千万不要以为，"好汉做事好汉当"，你错了，你做不到，你不够资格当！所以每个同学的一言一举都要注意。高老师回到大陆，看到不顺眼的要讲要骂，要批评要建议，但是我离开了大陆回到台湾，不会讲大陆一句坏话。他们问：大陆好吗？我说好得不得了！太大了，太棒了。一到了美国就说中国人伟大得不得了，绝对不丢中国人的脸，一句对中国批评也没有。但是，回来一定要实实在在讲话，诚诚恳恳建议。有的人刚好相反，在国内他屁都不敢放一个，装得那么温顺，那么可爱，一离开中国就大放厥词，把中国骂得一文不值，这种人不配做炎黄子孙！

家风看"三早"

瑶 琴

万物生长靠太阳,"早"字的意思应该是初升的太阳普照十方大地,草木沐浴在朝阳中。我们的祖先造字之初就告诉了后世子孙生存繁衍的密码,那就是追随太阳的脚步与时偕行。让我们一起来感受早睡、早起和早餐的智慧吧!

现在是清晨寅时,平旦,又称黎明。此时何意?此时,寺庙道观里师父、道长都打坐早起做功课了;此时,勤劳的人起床劳作了;此时,人体阳气动、武术家夏练三伏已经起舞多时,鸡鸣是丑时,闻鸡起舞,是说听到鸡叫就操戈待旦勤奋习作。自古以来,勤劳是中华民族的美好品德。

明末清初朱柏庐的《朱子家训》"黎明即起,洒扫庭除",黎明也是寅时别称。现在社会诸小家庭,还有几位家长辈要求小的"黎明即起"的?

年轻人常常听说的点卯,已不再是卯时。朝九晚五的上下班制度、

□门里家风

打卡刷脸都到巳时了。如此"与时俱进"其根由在于没谁能"既昏便息"。人的起居行止早已是无制无度、阴阳颠倒、本末倒置了。

我听一位老军人给我讲述他年轻时打鬼子的故事,让我了解了这位九旬老人健康硬朗更深层次的原因。他说:老班长生于中医世家,每次行军宿营时,都先烧一锅药汤给士兵泡脚,做好饭,一定不给士兵吃饱,士兵睡下,无论多晚,一到寅时,必然将年轻的士兵喊醒,起来跑步或练刺刀,哪怕练半个时辰,辰时再回去睡"回笼觉",四十岁以上的老兵可以卯时起床。老军人说自己,现在九十多了身体还这么好,要感激老班长。他说他的部队战斗力很强,屡打胜仗,也多亏有了这位老班长。

而今年轻人暴毙得癌的越来越多。今早还看了一篇微文,武汉的一位二胎爸:查出胃癌,朋友圈纷纷转发让人泪奔。工作要强,频繁出差,加班到凌晨,不说别的,他一向晚睡晚起,咋能不生病吗?

电灯之便利使夜成了白昼,蓝光照眼眸。手机"奶嘴"难断,成人如同不懂事的小孩子。易曰:夫大人者,与天地合其德,与日月合其明,与四时合其序,与鬼神合其吉凶。现在还有哪个家庭的家长嘱咐孩子,正心诚意以修身,还有哪个家庭不是"灯火通明"不知止。易经艮卦辞曰:"艮,止也。时行则行,时止则止,动静不失其时,其道光明。"是说,我们步入光明大道,拥有美好前程,动静起居合其时应其节,我们的社会哪个家庭还有起居如常的家风?君子大人遍寻少见,天下大多小人。人在小处小事上多计较"比而不周",社会病得真不轻。

中国,雄踞亚欧大陆的东方,是震旦之国。五行多秉受木星运气,木星体积大转速快,对应人体小宇宙脏腑肝的变化相应活跃、敏感。中国人养肝尤为重要。昏时即歇，亥时就该卧养肝血，养护命魂。早睡至关重要！再加之现在人们的饮食起居失常，肝病多发。有数据表明每年查出患肝癌人数70万，其中一半是中国人。我们必须早睡了。

医疗条件越来越好了，却有更多的家庭深陷大病烦恼，时不时"无常"降临，天下家长，不可不深思治家了？

时下，患肝胆结石的病人很多。肾结石尿路结石，发病时使人痛不欲生。这是世界医学难题。闻名国内外的气功排石第一人王长英老师说病患年龄越来越低龄、形成结石病的原因大多数是饮食问题造成的。尤其是不吃早餐造成的。

不能早睡也就不能早起，不能早睡早起哪能早餐？！

"三早"之不存也，久矣。不与日月合其明的失序生活也很久了。黄帝内经子午流注脏腑随时当令，而我们的起居饮食却不能随令行止。失道时常！能不招致无常魑魅魍魉吗？

师法自然而生，衍生，摄生，养生才可以生生。早睡早起吃好早餐其实是家风问题。家风来自于国风而蔚然。家风不正应是国风不振。国政乃七政星，道之不存也久矣，我们企双足期盼，风行天下、礼法复归。

古之行政，有大火官观天象以授时，由天子左祖右社，自上而下的颁布政令于天下。从首至喉、仪范化民，定律历以律吕调和阴阳，礼乐化天下愚昧。圣人竟早叹"礼崩乐坏"，可见宫音不制也很久了。五音中的宫音，属土，居中央、地气、一阳始生时累黍于管。千钟黍管之声正音制乐律，这一"行政手段"是民各正性命的基础。

然而，"从首至喉"是从天子到诸侯，也是从宫音而商音。宫正商

▢ 门里家风

和。宫商和龥不失声音和雅。宫为君、为父，商为臣、为子，宫商和则君臣父子和。孔圣人悲叹的礼崩乐坏就是，先王所以养人之命魂，正人气而归正性。抑制郑声哑音，正宫音而黄钟铿然。

宫音，位居中央。中国之中削竹为管，在冬至日，蒹葭飞灰，累黍千钟，空管发声就是宫音。它是定六阴律和六阳律的根本。这正是八风风行教化百姓的基调。

上三代时候，华夏有服章之美，有礼仪之盛。曾经春秋时期圣人孔子犹叹惋，更不论现在啦。如今，早餐废，迟卧晚起的邪风，亟待匡正，盼自上而下以金、石、丝、竹、匏、土、歌诗之事，使民不为不当为。家风蔚然，国政依北斗七星运行为导向，行政化民，使民不生病，让聪明智慧的中华民族生生不息。

我们不应随便责怪电灯泡的发明。一切科学进步带来人们生活方式的改变都有利有弊，但善用在人。

"早"字更是晋卦的象征，如果我们把"三早"都做到了，那将会好运连连、风调雨顺和国泰民安。签诗云："占者逢之好运交，如日初升步步高；提拔晋升指日待，自昭明德须记牢。"

山长：一脉相承一千二百五十年

侯开良

山，甲骨文像遥望中的地平线上那些起伏连绵的群峰线描，有三（众多）座峰头。山，宣发地气，散布四方，促生万物；山，岩高峰耸，高山仰止，高屋建瓴，象征着一种崇高博大的精神；山，云雾缭绕，高深莫测，敦厚持重，彰显了一种得道隐士的博大情怀。

长，甲骨文像一个头发飘飘、拄着拐杖的老人；用羽毛做成头饰，象征着远古时代地位崇高、智慧超群的部落首领或部落联盟酋长。

山+长，这绝不是两个汉字的简单叠加，而是综合了"山"与"长"各自的文化精髓，化生出了一种新的文化现象。她代表了一个时代的文化教育组织，也凸显了一类特殊人群的精神风貌与社会价值。对于某个地域文化而言，他还是一脉相承了一千二百五十余年的文化标杆，不仅影响了中国思想文化，而且影响了东南亚各国的文化教育观念。

□门里家风

宋代学者马永易编著《实宾录》，经蜀人句龙材校正，文彪增广，全书三十卷汇入了《宋史·艺文志》。其卷十一《山长·二则》载曰：

尹恭初，阆州人也，家世儒业，通五经，善谈论。唐代刺史孙丘置学舍于州北古台山，以尹恭初为山长，学者大集。恭初不下山二三年，教诲不倦。

五代零陵，蒋维东好学，能属文于祐中。常隐居衡岳，从而受业五十余人，号维东为山长云。

2016年6月4日，阆州唐代古台山学舍考古调查组成员四川省文史专家谭继和、祁和晖教授，四川省文物考古研究院考古研究所孙智彬所长，本埠文保专家刘富立及文史研究员李家驹、张治平、侯开良等到现场勘察、查阅文史资料。经专家组一致认定：

一、马永易编著的《实宾录》虽为类书，但它出自于《宋史·艺文志》，其文献价值很高，值得重视。

二、阆州古台山学舍既有创办者，又有鸿儒尹恭初作山长，而且学者大集，这些古书院的要素都是齐备的。

三、古台山学舍创办期间（766—821），阆州古台山的人文气息浓厚，交通比较方便，又远离城市喧嚣，应该是静心求学的首选之地。书院附近有泉水、有菜地、有池塘，适宜办学；书院有山长、有学者、有学舍，完全具备了唐代书院的雏形。

四、古台山有古石台，或为远古观星台的实物遗存（阆中在汉唐时是以世界天文学家落下闳为代表的中国民间天文研究中心），说明此山

唐代阆州古台山学舍考古调查组成员（左二起）：
张治平、祁和晖、谭继和、李家驹、孙智彬、刘富立、侯开良

的历史悠久；后来改为"玉台山"，应该是受东汉道教文化影响的结果。

经查阅《宋史·艺文志》，刊载有阆州尹恭初编著的《尚书·新修义疏》二十六卷，证明尹恭初确为中唐时期的儒学大家。他在首任阆州北古台山学舍（书院）山长期间，教诲不倦，二三年不下山，教育业绩非常显著。其学生尹枢于唐德宗贞元七年（791）状元及第；学生尹极于宪宗元和八年（813）状元及第，同榜还有张环、裴琛、裴远、陈质修、陈廷相等七名青年才俊入仕。正是凭借唐代阆州古台山学舍的良好社会影响，"山长"一词不胫而走，逐渐成为中国古代书院山长负责制

□门里家风

的代名词以及书院院长、主讲、山居学者或隐居智者的敬称。

当日历翻过了一千二百四十余页后,在阆中这块热土上又有一位"同人山长",他潜心创办、经营"三才书院"。十余年来,默默耕耘于现代书院文化的创新、建设与普及之中,立志要为未来中国培养一批易经博士、罗经博士、天文学博士、汉字学博士等,拳拳之心,殷殷之情,天日可见。

唐代阆州北古台山(今玉台山)学舍复原图(陈文大绘制)

《庭帏杂录》与李氏家风

陈延斌

家训是父祖撰写以教训子孙的,但中国家训史上却有一篇形式独特、别开生面的家训——《庭帏杂录》。这篇家训,是由袁衷、袁襄、袁裳、袁表(即袁黄、袁了凡)、袁衮兄弟五人根据父亲袁参坡、母亲李氏夫妇平时对他们的训示回忆、整理而成,每人撰写一部分。这篇家训最为鲜明的特点是袁、李夫妇对儿子的教诲,不是板着面孔说教,而是循循善诱,教勉结合,谈修身、论学问亲切朴实;教育子弟、指导做人重言传更重身教,尤其是袁参坡的夫人李氏对子弟的以身立教更是感人至深,给我们展现了这位普通妇女营造的优秀家风。

李氏,是中国封建社会中连正式名字都没有的一位家庭妇女,只知道她是明代人,丈夫袁参坡是一个博学惇行、医术精到的知识分子。多亏了她的几个儿子将她与丈夫平日的教诲尤其是她本人以身立范、立教的事实记录下来,我们才得以了解这位名不见经传的平凡女性伟大的人格及其对儿子们身教重于言教的家风熏陶。

□ 门里家风

尽管中国几千年的家训教化史上，不乏孟母断机教子、田稷子母训子勿贪、陶侃母封鲊诫子、岳母刺字"精忠报国"这样一些贤母的训子史实，但毕竟是零星事迹的记载，而《庭帏杂录》不然，它较为全面系统地记录了这位贤惠的家庭妇女在诸多方面对子弟的身教，真实地展示了李氏宽厚仁爱、睦邻恤贫的淳朴家风。

（一）以高尚的人格给非亲生儿子更多的母爱和关怀，培养他们孝亲敬长的品质。

依照中华民族的传统美德，李氏是一个标准的贤妻良母。她相夫教子、勤俭持家、体恤亲邻、宽以待人。李氏是作为"填房"嫁给袁参坡的，一般说做好后母难，但李氏做得很好，她对袁参坡前妻王氏所生的两个儿子袁衷、袁襄视如己出。关心照顾比自己亲生儿子更多。她自己的亲生儿子袁裳记载，一个夏雨初霁的日子，袁参坡要几个儿子赋诗。袁裳的诗先写好，父亲读了击节称赞。这时正巧有人送来葛布，父亲便让裁缝做了一套衣服作为奖励。等母亲李氏知道了这件事以后，对他说："二兄未服，汝何得先？且以文字而遽享上服，将置二兄于何地？"说完，将袁裳的新衣硬是脱下藏了起来。等到给袁参坡前妻的两个儿子都做了一套同样的衣服以后，才让袁裳穿。（参见袁衷等录：《庭帏杂录》，《丛书集成初编》第 975 册，中华书局 1985 年版，下引此篇不注）

袁参坡的二儿子袁襄说："吾母爱吾兄弟逾于己出，未寒思衣，未饥思食，亲友有馈果馔，必留以相饲。既娶妇，依然育，无异韶龀也。吾妇感其殷勤，泣语予曰：'即亲生之母，何以逾此。'"以心换心，袁参坡前妻的两个儿子对母亲也极为孝敬，妻子娘家哪怕拿来一点点东西，儿子媳妇们也都是先送给母亲吃。

特别使人感动的是，李氏对丈夫前妻之子的关心绝非仅仅是在生活上。为了培养孩子孝亲敬长的品质，为了使他们记住亲生母亲的养育之恩，李氏居然每天都虔诚地亲自带领两个不懂事的孩子祭奠他们的生母。丈夫前妻的长子袁衷深情地回忆到："先母没，期年，吾父继娶吾母来时，先母灵座尚在。吾母朝夕上膳，必亲必敬，当岁时佳节，父或他出，吾母即率吾二人躬行奠礼，尝洒泪曰：'汝母不幸蚤世，汝辈不及养，所可尽人子之心者，惟此祭耳。'"

做后母的，谁不希望丈夫前妻的孩子忘记自己的生母？更何况如袁衷所说，"予辈不自知其非己出也"。四五岁的孩子，基本不太记事，而李氏反倒这样做，足见其博大的心胸和高尚的人格，正因此，袁衷在《庭帏杂录》中记载此事及母亲的话后接着告诫后辈："为吾子孙者，幸勿忘此语。"

（二）以仁慈之心培养孩子待人宽厚的品质。

李氏是一个非常宽厚慈祥的人。儿子们回忆说，有一个富家乘着条大船娶亲经过李氏门前的河流时，撞坏了她家的船舫，邻居抓住船主要其赔偿。李氏听说后，先问新媳妇是否在船上。当知道新妇在船上时，立即要邻居放人家走，理由是若要其赔偿，婆家必然以为不吉利而怪罪新媳妇。还有一次，儿媳偶得一条鳜鱼，就亲自下厨烧了让小仆胡松给婆婆送去。过了一会见到婆婆，便问鱼烧得如何？李氏开始一愣，旋即说是好吃。媳妇见状怀疑是仆人偷吃，核实后就来问婆婆没吃何以说吃？李氏笑答："汝问鳜，则必献；吾不食，则松必窃。吾不欲以口腹之故，见人过也。"

李氏的高风亮节尤其体现在她对邻居沈氏的宽容和忍让。沈氏与袁

□门里家风

家是世仇，袁家有一株桃，树枝伸到墙外，沈家就将树枝锯掉了。儿子跑来告诉她，她说，应该锯。沈家有棵枣树也有一枝伸到了袁家墙内，枣子刚结出来，李氏就嘱咐儿子们：不许吃邻居家的一枚枣！并让仆人好生守护。枣子熟了，差人请了沈家的女仆过来，当面摘下让其拿走。还有一次，袁家的羊跑到沈家的园子里，被沈家打死；次日，沈家的羊正巧也跑到袁家来，仆人们大喜，正要报复，被李氏拦住，命人送还沈家。更让人敬佩的是，沈家人生了病，不仅袁参坡亲自上门诊治，以药相赠，而且李氏还动员邻居们为沈家捐款，并送给沈家一石米。正是因为李氏的宽容大度，化解了两家的矛盾和仇恨，使得"沈遂忘仇感义，至今两家姻戚往还"。

（三）以乐善好施的言行培养孩子体恤贫穷的美德。

李氏一生乐善好施，对生活贫困的亲戚更是关照。儿子说："远亲、旧戚每来相访，吾母必殷勤接纳，去则周之，贫者，比程其所送之礼，加数倍相酬；远者，给以舟行路费，委屈周济，唯恐不逮。"

李氏教育家人，自家生活节俭些，以便省下来些钱物周济贫穷。小儿子袁衮记载的一件事，足见李氏的仁慈之心及其对晚辈处世态度的影响。篇中说："九月将寒，四嫂欲买绵，为纯帛之服以御寒。母曰：'不可，三斤绵用银一两五钱，莫若止以银五钱买绵一斤，汝夫及汝冬衣，皆以枲为骨，以绵覆之，足以御冬。余银一两，买旧碎之衣，浣濯补缀，便可给贫者数人之用。恤穷济众，是第一件好事，恨无力不能广施，但随事节省，尽可行仁。"

（四）从小时小事入手塑造孩子为人处世的良好品质。

她既注重从孩子小时加强教育，也十分注意从点滴小事上培养孩子的良好品德。袁衷说母亲对他们"坐立言笑，必教以正，吾辈幼而知礼"。袁袠谈到，自己小时，有次家童阿多送他和哥哥上学，回来时，见路边的蚕豆刚熟，阿多就摘了一些。母亲见了，严肃地教育他们说："农家辛苦耕种，就靠这些作为口粮，你们怎么能私摘人家的蚕豆呢？"说完，命送一升米赔偿人家。

李氏每次购买柴米蔬菜之类的东西，付人银子时平秤都不行，她总是再加上一点。袁裳对此很不理解。李氏利用这件事，教育儿子宁可自己吃亏、也不让人家吃亏的道理。她开导儿子说："细人生理至微，不可亏之。每次多银一厘，一年不过分外多使银五六钱，吾旋节他费补之，内不损己，外不亏人，吾行此数十年矣，儿曹世守之，勿变也。"

养正于蒙，是我国古代家庭教育的一个基本原则，也是我们民族的一个优秀传统。作为一个普通的家庭妇女，李氏将这一原则朴素地运用于教子实践中，并且取得了很好的效果，这从她的儿子们的记述中可以看出。

李氏的高尚品质和言行中所表现出来的治家、处世的灼见，正集中体现了中国女性的传统美德。正如袁衷的内兄、订正这篇家训的钱晓在篇末的附言中所评价的那样："李氏贤淑有识，磊磊有丈夫气！"李氏率先垂范、以身立教培育的朴素家风，潜移默化地影响了孩子们，他们在生活中都继承了母亲李氏这种宽厚仁爱、敦亲睦邻、乐于助人的优良家风，无论是为官为医，都能以慈母为楷模，立身处世，报国恤民。尤其是四子袁黄，在宝坻任职期间颇有政声，将南方水稻引种到北方，解决了当地百姓的吃粮问题。袁黄撰写的家训《了凡四训》，劝人注重修养，积善改过，是流传最广的家训和善书之一。

□ 门里家风

习近平总书记指出："不论时代发生多大变化，不论生活格局发生多大变化，我们都要重视家庭建设，注重家庭、注重家教、注重家风。"李氏以身立范培育优秀家风的成功实践，是我国古代家庭教育史上的一笔宝贵遗产，对于我们今天改进家庭教育、培育时代家风，具有重要的借鉴价值，值得我们传承和弘扬。

阆中鲜氏家训

李文福

家训是指家庭对子孙立身处世、持家治业的教诲。家训是家庭的重要组成部分，对个人的教养、原则都有着重要的约束作用。

家训在阆中起源甚早，是阆中传统文化的一部分，对个人、家庭乃至整个社会都有良好的作用。

自汉初起，阆中家训著作随着朝代逐渐丰富多彩。家谱（乘）中记录了许多治家教子的名言警句，成为人们倾心企慕的治家良策，成为"修身""齐家"的典范。鲜氏家训就是其中之一。

《鲜于家乘》现珍藏在宝台乡原鲜家坡村2社鲜荣的家里。（注：鲜荣，男，生于1947年，初中文化程度，农民，住宝台乡石垭子村）《鲜于家乘》全采用正楷字体，竖行排版，字迹清楚，内容丰富，很有地方历史文化研究价值。

《鲜于家乘》序载：始修谱序曰：吾鲜于氏，其肇基也，始自商朝，其继起也，炳乎唐代，历朝簪缨，世称右族。志录，自汉以来，史言鲜

□ 门里家风

于为望族。……鲜氏以阆中为族姓。其散漫于西蜀者，皆以阆中为祖。汉史载为旺族，世代多出仕官，如鲜于仲、鲜于侁等。提督四川全省学政翰林院编修掌、湖广道监察御史邵积诚在其序中云："而知鲜氏之有自也，名显巴蜀，如仲通子骏诸公，其较著者也。"例如：鲜于侁，宋仁宗景祐五年（1038）进仕及第，历任参军、县令、通判、判官、转运副使、太常少卿、左谏议大夫、集贡殿修撰等职，功绩辉煌。

侁为人庄重、诚直，能举荐贤良。所荐刘挚、苏轼、苏辙、刘攽、范祖禹等，皆有识之士。庆历年间，天久旱，朝廷下诏，征求意见。他当即上书，对灾变的产生和发展，以及当政者处理失误，剀切陈词，引起朝野重视，各地纷纷上表条陈所见。在安徽婺源作县令时，富豪汪某，凶狠横暴，因事犯法，他拘捕到案严惩。以后恶类屏迹。任永兴军判官时，万年县令拘系囚徒数百，他审案精明，数日即空其狱。在作利州转运副使时，左藏库使周永懿知利州，贪虐不法，他将其逮捕下狱，并流放到湖南。元丰二年（1079）知扬州，神宗对他说："广陵重镇，久不得人，今朕自选卿任，宜善治之。"哲宗立，司马光说："以侁之贤，不宜使居外。"乃召还京师。鲜于侁治经术有法，论著多出新意，有《诗传》《易断》。长于诗，尤工楚辞，苏轼以为已近屈、宋，卒，年69岁。

《鲜于家乘》的前部，有家训十四则，依其可见，鲜氏家族的族规严明，是很遵纪守法的家族。其内容是：

一、国宪之宜遵也。怀刑畏法，君子所重，苟不自警省，一罹囹圄，上辱父母，下累妻孥，与其倾资荡产，求减毫末，而国法究不能逃，何如改恶迁善，不犯科条，而身家可以长保。凡制度文为，有等级，有隆杀，循分则可，僭分则不可。谚云：早完钱粮不怕官，尔子孙宜赋役依期，毋得欺公玩法，自招罪犯。

二、祀典之宜隆也。格言录，祖宗虽远，祭祀不可不诚。凡过三辰佳节，必前一日，沐浴更衣。齐戒明洁，次蚤，族长等，率众俱诣，祠堂致祭，如无祠堂，各支各祭，其祖祢外，合诣始祖位前致祀，行初亚终三献，礼毕乃彻馔而退，务需祭品丰洁，衣冠整肃，尊卑有序，拜跪有仪，此人子追远之礼也。若遇祖考亡忌日，则变素服，乃人子初度日，则用吉服。亦行三献礼。无故祭祀不到者，是为忘本，即以不孝论。

三、祠宇之宜建也。祖宗肇基发祥，积久弥厚，使尊宗敬祖，无有归宿，而神何所凭依焉。故礼经有云：营宫室必先宗庙。春秋有荐感时序也。昭穆有等，明世次也，若废而不立，则祀先祀祖之敬。无地可申，而教孝教弟之心，何由而远。凡有同族，必建大宗。必建小宗。卜筑贵有其方，规制务求其精，求为巨观，以成不拔之基，则入庙生敬而，祖考式临，如在其上，如在其左右，先灵有感获，福无量矣。

四、坟墓之宜禁也。生而养，死而葬，人子之分。故一抔之土，万世之本系焉。封植培荫，世世子孙。无敢或忽矣。昔孔子合葬于防封，崇四尺，圣人尚重其事而不敢轻，况吾侪乎。所以砍伐有禁，践踏有禁，狐兔勿令窟其傍，樵牧勿令扰其岭，丘垅巍峻，林木葱蔚，莫不指而目之曰，此必有孝子顺孙也。至于不肖子孙,乘祖茔稍有空隙,蓦夜扛棺盗葬,一经有伤,福未至,而祸先临矣。然害及当身,孽由自作,夫何足惜,但殃连无辜,为害匪轻,良心何忍。如不通众议,蓦地扛棺,盗葬有碍,祖墓许有分子孙,先行抛露,然后经公,究以杀祖父之律。

五、宗族之宜睦也。夫人之有宗族,如木有分枝,水之有分派。凡属一家一姓,当念乃祖乃宗,宁厚勿薄,宁亲勿疏,长幼必以序相洽。尊卑必以分相联,喜则相庆以结其绸缪,戚则相怜以通其缓急。若以小故而垂彝伦,以微嫌而伤亲爱,以侮慢而违逊让之风,以偷薄而亏笃厚之谊,古道之不存,即为国典所不恕。尔子孙当切水木本源之思,而以敬宗笃族之为得也。

六、孝悌之宜敦也。晨昏而定省,冬夏而清温。凡以为子道也,步趋必徐行,坐立必居下。凡以明悌道也,且菽水承欢,班烂戏舞,天伦之乐常存,而以勤服劳,以隆奉养,犹其显焉耳,大被同眠,炙艾分痛,天显之亲自在,而饮食必让,语言必顺,犹其迹焉耳。为子弟者,习焉不察,则不孝不悌,国有常刑,尔子孙其毋亲为具文可也。

七、婚姻之宜重也。嫁娶及时男,女各择德焉,务要门户相称,长幼相当,不准同姓为婚。亦不许以居丧嫁娶。格言录:嫁女择佳婿,无索重聘,娶媳求淑女,勿计厚奁。故求婚必以六礼告成,庶为燕婉,勿至趋富厌贫,以贱取良,近因习俗相沿。每与浪来无籍者为婚。亦非礼之大节,不可不禁,至于兄霸弟媳，弟承兄嫂，大千法纪，犯则公禁。

八、子弟之宜教也。年幼子弟，犹严加训戒，盖子弟之贤否，关门弟之盛衰，不肖子弟，非尽生性使然，总缘失教所致。先德行而后文艺，诱掖之，奖劝之，学成者，固足为一族表率，名显者。亦可为一族光荣。听其流荡为非，放辟邪侈，往往陷溺而不悟，势必作奸犯科，为父兄者，独能晏然已乎。与其追悔于事后，何若严于平时，倘故犯奸盗诈伪，有如此等，许捉拿方正族长处，手下痛责，令彼速改，再犯不悛者，公同究治，以为后鉴戒。

九、勤俭之宜尚也。克勤于邦，夫克俭于家，古圣王开国承家，未尝不自勤俭而起，假使坐荒居诸，不事省约，则惰农自安不昏作劳，不服田畴，越其罔有黍稷，盘庚早以垂训也，勉之以勤，而发愤自强，守之以俭，而骄盈是戒，将衣服不可过华，饮食不至无节，冠婚丧祭，各安其分，房屋器具，务取其质，精神以振而愈奋，财用以减而愈增，此富贵所（以、长）保也。

十、争讼之宜戒也。嚚讼者，君子所耻，奸顽好事之徒，或诡计挑唆，或横行吓诈，或貌为洽比以煽诱，或假託公言而把持，遂致箪食豆羹，相争不已，鼠牙雀角，速讼犹多，不特结怨耗财，抑且废时失业，尔子孙切宜戒之。毋得恃势欺贫，以众暴寡，即或屋基田产，争竞不明，许恳诸族长之公正者，排难解忿，不许徇私偏纵，以导子孙成讼，反致破家，敢有受贿徇情者，公讼责罚。

□ 门里家风

十一、忍让之宜先也。一族之中，丁口既繁，贤否不一，口角嫌隙，不能保其必无，使人有亲疏概接之，以温厚事有大小，皆处之以谦冲，效张公之能忍，九世同居，如文民之能让，两国胥化，古语有之，终身让路，不枉百步，终身让畔，不失一段，可知让之有得而无失也如此，尔子孙，当思有忍乃济能（为、让）先，和以待人，则不和者自化，平以接物，则不平者亦孚，殊觉情怒理遣之无庸也。

十二、邪说之宜辟也。黜邪崇正，理在则然，自游食无藉之辈，阴窃其名以坏其术，大率假灾祥祸福之事，以售其诞幻无稽之谈，始则诱取赀财，以图肥己，渐至男女混淆，聚处为烧香之会，农工废业，相逢多语怪之人，又其甚者，奸回邪慝，窜伏其中，树党结盟，夜聚晓散，千名犯义，惑世诬民，一旦事觉，教主已为罪魁，福绿且为祸本，徵捕株连，不惟自害其身，抑且祸及其族，族中如有误听谗说，攻习各种邪教者，该族正等，痛加劝戒，夫左道惑众，律所不宥，师巫邪术，邦有常刑，尔子孙而显顾昧恒性而即匪彝，犯王章而千国宪，其愚之甚，违则会同族众送究，以凭照办。

十三、家长之宜式也。处家之道，理之众人，则纷而乱，专之一人，则合而一，而家长尚焉，夫举家长，无论尊卑长幼，择其有才者立之。以专督率，某者耕，某者读，事听教约若为商，若为贾，账归出入，尔子孙宜如薛包不动念于财货，牛弘不偏听于内言，其或轻重厚薄，多寡劳逸，稍有不谐，皆自家长公议之，毋起一念之私，遂成衅隙，毋逞一时之忿，致起纷争，主家正，而齐家不难矣。

十四、乡党之宜和也。古云，非宅是卜，惟邻是卜，又曰和得邻居好，甚似穿绫袄，则缓急可恃者莫如乡党，诚使一乡之中，毋恃富以侮贫，毋挟贵以凌贱，毋饰智以惊愚，毋倚强以欺弱，父老子弟，联为一体，安乐忧患，视同一家，农商相资，工贾相让，处常而和，强暴相御，疾病相扶。处变而和况巨室耆年，乡党之望，膠庠髦士，乡党之英，宜以和辑之风，为一方表率，庶孝弟因此而益，宗族因此而益笃，而协和之休，太和之象，将于是乡永赖焉。

▢ 门里家风

一部家训育十代廉官

任文禄

从明代起留传下来的治平乡鼓楼山《任氏宗谱》，记载了明清两朝任氏家族五百余年的历史，而任氏家族连续十代入仕为官，且都为好官、廉官。

一代任潮海，明洪武九年入川，明朝都尉，"以都宰统军治任巴北"，退休后"落业阆中解元坪"。

四代任让，明朝贡生，明"景泰年间举明经，任黄梅县丞，摄县事"。

五代任仪、任让之子，明成化二十三年进士，授御史。

六代任希贤，任仪长子，明正德二年举人，保宁府学。

六代任维贤，任仪次子，明正德九年进士，陕西湖广五省总制，都察院右副都御史。

六代任仰贤，任仪三子，贡生，汝州府同知（知府副职，正五品）。

六代任企贤，任仪五子，明嘉靖四年举人。固元知府。

七代任浙生，任维贤之子，贡生，山东布政司参议。

八代任应征，任浙生长子，明万历十一年进士，陕西巡抚。

九代任道久，任应征长子，"恩荫国学生，诰赠文林郎"。

十代任栋，任道久之子，叙州府推官，知蒲圻县事。

十一代任遹昉，任栋之子，清顺治十五年进士，蒲圻县知县。

十二代任兰枝，任遹昉侄子，出抱江苏溧阳县，清康熙五十二年一甲二名榜眼，礼部尚书。

十三代任端书，任兰枝之子，清乾隆二年一甲三名探花，翰林院编修。

任氏家族之所以长盛不衰，成为名副其实的百年望族，得益于入川四代祖任让在总结前辈的家教内容和经验的基础上制定的一部家训。据《保宁府志》和《任氏宗谱》记载，任让"为人方正，博学轻财好施，未仕之先，凡遇人有急难，即请以身贷、婚、丧、贫、寡为，极为相助，僮仆之女皆具奁而嫁之。凡有大冤狱者，则召里胥于家，密为人疏解，更无令冤，人多景仰其德"。任让"景泰年间举明经"，即通过考试任黄梅县丞，摄县事，他"遇事果敢结断，公性明察，政绩大著，邑民昭青天之颂。境内瘟疫大行，捐奉资，施药济民，全活甚众"。他当官为民，黄梅县"邑赋三万七千有奇，而田多濒江，每以水灾，赋不足额，民甚苦之，让请减额，书凡三上，究减三分之一，民感其德"。他"政声卓著"，而且不贪不占，乐于助困，公正清廉，以至"气休致仕解归，行李萧然"。明嘉靖《保宁府志》记载，黄梅县"建祠祀焉"。建祠之匾曰"忠惠任公所"。在封建社会为一个八品小官县丞建生祠，实属罕见。可见其品德，人格之高，政绩之突出。

□门里家风

任让一生"杜门教子"。培育出了儿子任仪、孙子任维贤、任企贤、任希贤、任仰贤两进士、两举人、一贡生,誉为"父子联芳""聚星联耀",成为"明代阆中第一家"。晚年归家,总结出了家训、家规十八条,涉及家庭伦理、政治品质、道德准则等各方面。每条训示又强调了重要性,提出了具体要求和违者家法惩治办法,形成了一个家族的道德准则和价值取向,代代流传。

敦孝悌以笃天伦,修宗谱以考根本。任氏家训开篇把忠孝摆在首位,指出"父母之恩昊天罔极,兄弟之情实同手足",要求"对父母真心侍奉,为兄弟者当得兄友弟,谦恭和睦,倘有忤逆父母仇敌兄弟者,鸣公惩治"。忠孝传家,是任氏家族家风的核心。御史任仪公正廉明,不畏权贵,两次与大太监刘谨斗争,两次被贬官,但仍不恢心丧气,无论在哪上任都政绩卓著;任维贤"赋性耿介,敦伦睦族"。"丁内难归,遂不复仕,祖产悉以让弟";任企贤"赋性质朴,事事不华";任应征"为人忠厚,端方正直,孝养继母"。任维贤、任企贤、任应征是著名的孝子,故后都入了保宁节孝祠。居家尽孝才能为国尽忠,任氏代代守住了由孝而忠的政治伦理。

勤学问以光祖宗,勤耕织以丰衣食。耕读传家是任氏家训的重要内容,规定"子弟不问贤愚必送读书,当要身体力行,以重实学。如读至二十岁万不可儒者,则当另改别业,唯寸阴当惜,切无虚度"。由于重视读书,从明代中期起百多年来,任氏家族出进士六人,举人贡生十多人,成为明代阆中著名的书香门第。家规还规定"未入仕者应以农为本,男耕女织,若游闲耗用,势必于饥寒。为家长者予以督率"。要求子孙后代做到"秀者归士,愚者归农,功宜戒之,违者家法"。任仪四子任景贤为庠生，（秀才）未考取举人，任仪没有利用职权安排儿子去衙门当差，而是在家务农，严守家训、家规。

修实行以端人品，戒奢华以崇节俭。任氏家训将端正人品的道德修养和勤与俭列为家族文化的核心。要求子孙"持身涉世务要据实率真，存心正大品行端"，严禁贪财奢糜。因勤劳节俭家风的影响，任氏代代做官清廉公正，淡泊名利。任让以身作则。"捐俸资济民"，任维贤"清白自守"，"居家十五年，布衣蔬食"。任氏历官十代，没一个因贪腐被谪被罢，没有留下深宅大院，只留下宝贵的精神财富使家族代代兴旺。

任氏家训还规定了婚姻原则："择婚嫁以重匹配"。强调"娶媳求淑女，勿计厚奁，嫁女择佳婿，无索重聘"，并规定"倘配有玷宗祖之女，由族长削出谱去，以后无论贫富，但以身家清白者配之。《阆中县志》记载：任企贤"幼聘廖氏女，贫且陋人。人谓家世显宦，此殆非偶"。企贤曰"弃之不祥，且非议"，竟纳之，与贫苦的丑女结了婚。由于重视配偶的教养和素质，这就形成了良好的家庭环境，使人口更加优化。

任氏家训的绝大部分内容在今天仍有重要教育意义，如"急赋税以免催科，循礼让以睦宗族；平曲直以息颂源，禁赌博以绝匪类"等。人的成长和家风密切相关，一个人的价值观念形成的起点是家风。任氏家族非常重视家庭教育。《任氏宗谱》记载：任企贤"擢平凉太守，不仕归里，四十年训子孙睦族党"，把家教家风传承落到实处，以至任氏代代为官，都有共同的官德特征。

一是忠孝双全，以民为本。任维贤巡视地方，"时江淮大饥，条上帐法，全活数十万"，任企贤领导民众战胜蝗灾、旱灾、雪灾，"朝内闻之，加以褒奖"，任应征"忤权贵，贬蔚州史"后，仍关心民众疾苦，

□ 门里家风

"关内饥谨,上使宜十二事",又"升都御史,巡抚陕西"。他们都做到了当官为民。

二是清廉公正,淡泊名利。任仪被贬为石矸知府后,兴学校,讲礼仪,为民除害,被誉为"擒虎父母";任维贤"在官三十年而家无余积,一时士大夫奉为模范焉";任企贤"刚正严明,名播朝野";任应征也是"端方正直"。正是因为清廉公正,淡泊名利的家风传承,使任氏家族在明朝为官的代代清廉,任仪、任维贤、任企贤、任应征还被列为名宦乡贤。

孟子说:"君子之泽五世而斩。"民间也有俗言"富不过三代",一个重要原因是后代穷奢极欲,丢失了前辈的优良品德和创业精神,家教没落实,家风没有传承下去。人的成长和家训、家风密切相关。任氏家训和家风教育了一代代任氏后人,塑造了一代代廉官,这是任氏家族兴旺五百余年的根本原因。

天地之门　仙道阆中

冯　时

天有天门，地有地户，人还有心灵之门，从始祖伏羲一画开天到天人合一和道法自然，人类从远古走来创造了无比辉煌的中华文明。冯时先生仰望苍穹、追寻太阳的脚步与时偕行，站在文化自信的高度，阐释了"阆中"这一特定地名的文化密码。

中国学术、天下之事无非两个字："道""术"而已。通过一天的考察，我觉得阆中的历史文化已远远超出了"术"的层面，所以我想和大家交流一下"道"的问题。我想谈的第一个问题，是阆中文化的溯源，我们在一个怎样的文化背景下认识阆中文化。

有关阆中文化的问题，就是阆中地理的特点。来的当晚我就上了白塔山，鸟瞰阆中，顿时非常兴奋。阆中是由嘉陵江围成的一个"U"字形的半岛地形，这样的地理特征在中国传统文化里是具有非常强烈的政治含义的，这涉及古人对"邑"的基本认识。今天说"邑"，城邑、都

□ 门里家风

邑，只是人聚集的地方，没有更多的内涵，实际上这个概念在春秋时就被人误解了，老祖宗已经讲不清楚。但我们今天根据考古学和古文字学的研究把"邑"的问题搞清楚了。"邑"有两种，有大邑，就是王邑；还有就是诸侯之邑。如果是王邑，它的地理位置一定在天下之中，阆中这个名字就含有"中"。

先来解释"邑"，在夏、商、西周三代，人们把王庭所在之地叫"邑"，西周建洛邑，商建大邑商，商汤建亳中邑，再往前推，夏都叫夏邑。现在我们找到早期夏都的遗址，也是邑，名叫"文邑"。我们梳理夏商周的王庭所在，其性质都是"邑"。过去我们认为王庭应有城墙，但回到原始的制度，当时的王庭却根本没有城墙。换句话说，"邑"其实就是没有城墙的聚地。我们举两个字：古文字"邑"强调了被围起来的区域，但不是城墙；早期的"墉"字描写的则是古代的城墙；再如"围"，也就是"卫"的本字，像"邑"的周围有人再环绕而守卫，所以中央的圆形围邑表示的是没有城墙的围邑，所以才需要人来守卫。考古学的证据显示，西周洛邑、商的大邑商、夏的文邑都没有城墙，比夏代早期的文邑更早的时代曾经有城，但在中期被毁掉而建立了文邑，这件事在《周易》中提到了。现在人们拿《周易》算命，孔子看它是因为其中有道德。我们今天看《周易》，里面记载了大量的西周以前的历史故事。《泰卦》讲："城复于隍，自邑告命。"也就是说，人们推倒了城，建立了邑。所以王庭都是以"邑"的形式出现的，在王不担心自身安危的时候，通过封建诸侯，在军事上保卫王，在政治和经济上通过贡纳臣服于王，这是封建制的基本特点。古人认为，王庭不需要自我筑城保护，相反，如果深沟高垒盖起城墙，则于传播教令是不利的。《周易》

中说，邑没有墙虽不利于打仗，但利于教令的传播。所以我们找古文化的中心，不是找城，而是找邑。早期的邑，核心就是建一个围壕，把中心围起来，围壕则用来防野兽，这是出于安全的需要，如果有天然的江河山川，能不挖壕的就不施挖，因袭山川河流就可以了，就像殷墟的形制一样。殷墟就是晚商的邑，今天看到的殷墟，只在西面和南面有环壕，东面和北面则有洹水围绕，所以它利用了洹水造成了大邑商。阆中是由嘉陵江围绕起来的天然的大邑，它的北面是山，东、西、南是水，完全符合《周礼》所讲的如有山川，就因袭山川建立邑的制度。古人不干费力不讨好的事，很聪明。在嘉陵江围绕的中心建立了这个都邑，这样的都邑在中国传统文化中是具有鲜明的地域特色的，是具有宗教意义和政治意义的。王庭必须建在天下之中；《诗经》上讲文王"既伐于崇，作邑于丰"，也是将邑建在它的文化中心，都强调了"中"的观念。这样看来，阆中为"邑"和"阆中"称"中"就非常吻合了。

阆中历史文化定位，我想谈谈自己的一些不成熟的看法，这些想法直接从"邑"字和"中"字引申出来，我把它总结为：阆中与神仙。我从第一天来，张先生向我介绍情况，地名也好，文化传统也好，我的脑海中浮现出许多东西，总结为一个字：仙。这完全打破了风水的观念，这才是阆中文化的道，所以我们昨天讨论，阆中可以称为"仙道阆中"，这个"道"既是道术的道，又是道家的道，也是道教的道，一字多义，而道家、道教跟天文历法又有着非常密切的关系。阆中呈现为"邑"，"邑"一定居中。而古人求"中"，目的之一就是服务于升仙。在阆中，我了解到有五城十二楼的传说，有九井，或者九宫，这都是古文献上告诉我们与升仙有关的东西。这类考古学材料，我们在安徽蚌埠春秋晚期

□ 门里家风

的遗存中找到了，而且可以和《淮南子》的记载相互印证。《淮南子》的思想与淮河流域的文化有关，这又和刚才说过的将阆中文化溯源到东方夷文化吻合了，因此是非常重要的，这直接关系到我们对阆中的"阆"字怎么解读。

过去对"阆"字的探讨有很多，但尚无定论，我觉得可以从三个方面考虑：第一，阆，门高也，这个高大的门就是天门，天门在古代服务于"升仙"这个观念。古文献中有这样一种思想，升仙时都在强调天门，而且天门是以昆仑虚为中心的，昆仑虚实际就是天下之中。阆中从字面上去讲，鲜明地体现出"升仙"的思想。另外，如果求它的通假，也非常相符，比如古文献中"阆"字可以通作"隍"，就是"城复于隍"的"隍"，隍就是护城的壕，围壕中间构成的就是邑，这又和阆中体现的"邑"相吻合。再求通假，阆中的"阆"还可以通作"凉"，阆风，古人又称"凉风"，阆风、凉风就是升仙的山。我们在《淮南子》中看到，古人升仙，要从昆仑虚五城十二楼开始上升，首先上到凉风之山。古文献说"阆风"是昆仑三山之一，这三山全是升仙的山。文献上说："昆仑之丘，或上倍之，是谓凉风之山，登之而不死；或上倍之，是谓悬圃，登之乃灵，能使风雨；或上倍之，乃维上天，登之乃神，是谓太帝之居。"这就是古人认识的升仙的过程，这个过程的第一步就是凉风。"凉"和"阆"是相通的，这里面含有非常明显的古人升仙的思想，从考古学来讲，这一思想可以追溯到春秋晚期，明白了这一点，许多遗迹遗物表现的文化内涵都可以得到解释，它和阆中所体现的升仙思想反映的是同一个系统的文化。

从邑、"阆"与"中"反映的升仙思想，可以得知阆中的文化传统是多元的，是非常深厚的。以"邑"字完整再现古人的升仙思想，在中国目前还没有看到第二处。在安徽我们只是通过考古工作找到了春秋晚期的一个墓葬，体现了昆仑五城十二楼的升仙观念，而阆中则完整地保留下来了一个活生生的实例，这个文化价值是怎么估量都不过分的。因此，阆中在这方面可以大做文章，它和风水相比，风水只是它下边的"术"而已，只是支流而已，升仙所涉及的古代政治、宗教、天文才是值得大书特书、需要弘扬的内容。

时空这个问题，现在看来很简单，实际它却是中国文明的核心问题，所以我提出一个观念，天文是中华文明、中国传统文化的源，而这个源首先体现的就是古人对于时空的规划。古人认识时空、规划时空涉及空间发展、空间和时间的关系、空间和时间对中国传统文化的影响等一系列问题。昨天上中天楼（阆中），向四下一看，呈现出一个严整的棋盘街，这样的棋盘街就是古人根据对时空的认识形成的。在中国传统文化中体现出一种特有的时空关系，这就是空间作为时间的基础而存在，即空间决定时间。人们要想获得精确的时间，就首先要建立精确的空间。古人建立空间体系有着精确的方法，人们使用槷表来测，就能确定东、西、南、北四方。现在有一些错误的观点，认为可以建一个观象台，通过对太阳的观测来定节气，这是不懂中国天文学传统的说法。中国古代的二十四气，只有二分二至这四个节气能被人们看到，其他的节气都是依据空间规划平分之后算出来的，我们必须懂这段历史，才能把正确的知识告诉大家。古人定方向，只用一根槷表，他们将表垂直地树立在平地上，以它为中心，以一定的长度为半径画一个圆，这叫"为规"，然后在日出这一刻来看日光投射表影与圆圈所交的点，在同一天

□ 门里家风

日落的时候，再看表影与圆周的另一个交点，最后把这两个交点连接起来，这条线的方向就是东、西，取这根直线的中心点与表垂直的方向就是南、北。古人就是靠这样的方法决定的空间，这样的东西放在体验馆里让游客体验会很有意思。我们可以问观众，你没有罗盘，怎么去确定方位呢？可以让大家体验一下。通过这种方法定出来的方位必然获得一个固有的图像"十"，这个图像古人称为"二绳"，就是两根绳子，量东西用一根绳子，量南北又用一根绳子。如果用"二绳"配地支，那么下面就是"子"，上边是"午"，东边是卯，西边是酉，于是这两条绳子一条叫子午绳，一条叫卯酉绳，这就是古人最早定出来的四方。由于两根绳子相交的位置是中央，所以"二绳"图像反映的就是五方。人们常说"方位"，其实"方"和"位"在古代是有区别的。从"二绳"图像看到的方是直线的延伸，而不是一个面。如果把直线扩大为平面，这就需要古人对方的认识有所发展。后来纺织技术启发了他们，因为人们可以通过对线的不断积累而使线发展成面。于是古人不断地积累二绳，最终形成了"亞"形的新的图形。"亞"形相比于正方形缺失了四个角，形成的就是五位的图形。通过方的积累形成了"亞"形五位，这就是人们最初认识的大地的形状。这样的图形，其发展基础则是五方，也就是二绳。如果把这个积累二绳的工作无限地进行下去，最终可以将"亞"形所缺的四角补齐，从而形成了正方形。了解了这些知识以后再看老城的棋盘街，那简直是一个活生生积累二绳的过程。像这样阐释中国传统时空观的物证，早在距今七千年前就已经有了。而在阆中古城，这些知识和思想则被忠实完整地保留了下来。

　　有了二绳、五方，人们就可以规划空间、时间，方向定得准确，时间才可能定得准确，这是我们说的对空间、时间的思考。那么有关时间、空间的一个重要问题又不得不涉及"阆中"的"中"，因为二绳相交于中央，这个中央的"中"在中国传统文化中却有着深刻的内涵。概括而言，"中"至少有三方面的含义：

第一，中正。中正是由立表测影发展来的，要想立表测影，首先得把地面整理水平，表必须保持与地面垂直，这就涉及怎么检验"中"的问题了。现在盖房子要用铅锤来校正垂直，古人则用八根绳子下垂正表，分别垂在表的四方和四维，四正四维加上中央便是九宫，九宫也就是九方。当表垂直于地面，这种状态便是中正，这就是"中正"观念的由来。后来儒家继承了中正的观念，形成了"中庸"的思想，孔子讲"过犹不及"，这就是中庸，而这一思想实际是从立表测影的工作发展而来的。

第二，"中"还有一个观念——中央。中央是相对于四面八方而言，来源于古代的另一种空间观念，也即王对于时间、空间的掌控。王很重要的职能就是会众，王树王旗，聚四面八方之众于旗下，今天依然保留有这种观念。但聚众只有旗和地点是不够的，还要有第二个前提，这就是时间，会众时，旗必须和测影计时的表结合起来使用，到点不来，仆表弊旗，迟到的就杀头了，表旗共用，产生了"中央"的观念。

第三，"中"的含义跟阴阳观有关。阴阳是中国的传统哲学，阴阳哲学的建立并不在于阴阳本身，而在于对阴阳状态的一种认识，人们研究阴阳的目的是为了解释万物生养的原因，但如果阳亢于阴，或阴亢于阳，都不能获得理想的结果，阴阳只有达到和谐的状态，才可能生养万物。显然，阴阳这种恰到好处、和谐的观念就从中正的观念中引申出

□ 门里家风

来，这就是中和。所以《中庸》里讲："致中和，天地位焉，万物育焉。""中"字在中国传统文化中发展出了很多有意义的思想，而这些思想都得益于立表测影。我们阆中的"中"当然可以在这方面做文章。"中"所涉及的还有一个问题，那就是"天地之中"，古人认为天地之中才是最和谐的地方，因此王邑都要建立在天地之中。古人通过测影来测量天地之中的位置，这里反映了天文、政治、宗教密不可分的关系，因此"中"所体现的内涵不仅复杂，而且丰富，我们可以借阆中的"中"字探讨这些问题。

另外一个重要问题就是阴阳。我们误认为古人只关心物质文化，其实我们在这方面远不如古人。我们研究历史，不仅要关心古人是如何生活的，更要关心他们是如何思考的。今天中国传统文化传承下来的东西，物质的遗存很少，融汇在我们血液里的是文化，是形而上的东西，这些东西体现出一种文明。什么是文明？《易传》里讲："见龙在田，天下文明。"文明开始于对龙星的观测，有了观象授时的制度，天下才形成了文明。观天象首先掌握的是空间和时间，然后才有了人类的文明。古人对于文明的解释是"有文章而光明"，章者，彰也。人们通过修养自己的内心而文雅，这种文德自然可以通过人的容貌彰显出来，这就叫"文明"。古人的文明不是指物质的东西，而是形而上的，是道德层面的，对社会来说则是一种制度。我们探讨文明实际是在探讨形而上的思想和制度，而不是坛坛罐罐，那些只属于"术"，而我们关心的是"道"，这些才决定了什么是文明，什么是文化。《易传》里说："刚柔交错，天文也。"星辰在天上移动，就表现出阴阳的变化，这就是刚柔交错。"文明以止，人文也"，文明讲的是社会制度，讲的是思想观念，是一种不变的传统。"止",就是不变。要想使传统保留,就得让它不变。古人建立了制度之后是怕它变,更希望它不变,只有不变才能形成传统。阆中,古城保留得很好,它才有传统。盖了摩天大厦,哪儿还有阆中呢?"文明以止",这才是文明,才是文化。古人讲:"观乎天文,以察时变。"古人观天文,目的是了解时间的变化,是了解阴阳的变化、吉凶的变化。那"观乎人文"呢?"以化成天下"。这个"化"字在甲骨文里的写法很有意思,字形由一个正着的人和一个倒着的人组成。古人常用字的正倒来表现是非、好坏和善恶。一个人正着站立,是"大"字,所以我们把有道德的好人叫"正人君子";而把"大"字倒过来,就成了"逆"字,所以我们也常说贼人坏人为"叛逆""逆子"。"化"的意思就是通过文治教化使得一个倒着的人正过来,由坏变好,这就是"化"。文化不是文艺,若把文化看成是娱乐,就失去了文化的根。"化"实际上是以文化之,以文教化,这是国家的责任。一个国家不仅要告诉人们怎样去挣钱,更要告诉人们怎么去修心。老祖宗早就把这些道理告诉我们了,这才是中国文化优秀的东西。这些思想都涉及阴阳的问题。有人把阴阳想得很神、很玄,其实它一点也不神秘。

人类最早产生的科学只有三种,这就是天文学、数学和力学。这三门科学出现得最早是因为它们直接服务于人类的生产和生活。力学与人类修建住所密切相关,天文学的发展则是适应着农业的需要。在四季分明的地区,人们要想获得有保障的食物来源,就必须通过人工栽培作物来解决,于是就有了原始农业。但农业的出现有一个前提,如果人们不掌握这个前提条件,农业就不会出现,这个条件就是人们对时间、对农时的掌握。因为在四季分明的地区,一年中适合播种的时间非常有限,

□ 门里家风

有时可能只有短短几天，一旦错过了这几天，再种就没有收获，这就是农时，所以古代帝王常常告诫人们要不误农时。然而人们怎么去掌握时间呢？在没有历法的上古时代，人们为解决时间的问题，唯一的办法就只能到天上去寻找，这样就促使天文学发展了起来。那么又是谁通过观察天象而确定了时间？这涉及了文明发展的本质问题。人类历史的发展一定是由极少数圣人推动的，从古至今都是这样，极少数人发明的东西推动了社会文明的进步，今天我们使用的现代化的东西都是极少数人发明的。古人对于天象的认识也是这样，在广大民众对天象茫然无知的时候，个别人通过自己辛勤的观测发现了天象和时间的联系，他们知道某颗星走到某个位置就可以种植，就会有收获，这样的人当然就是圣人。所以古人讲："知地者智，知天者圣。"了解地理，至多称为智者、聪明人；只有知道天文，才能称得上圣人。有了正确的观象授时，农作物就会有收获，这样，掌握观象授时的人也就自然拥有了统治的资格，这就是中国古代王权的基础。在上古时代，王权就是通过对天时的掌握，对天文的垄断实现的。为了把时间颁告给大众，而且必须永远正确，统治者就要辛勤地观测天象，所以《乾卦》里说："君子终日乾乾，夕惕若厉，无咎。""君子"就是统治者，"终日乾乾"是说每天保持旺盛的精力，从不懈怠；"夕"是晚上，晚上更要警惕，当然是为了观象的需要。《乾卦》里讲的都是观象授时的知识，这是确立王权的基础。观象授时的正确可以给人们带来丰收，这种对于天时的掌握在不明天象的民众看来当然很神秘，于是他们认为，掌握天象的君王，他是可以与天沟通的，那么他的权力自然也是天给的，这就发展出中国古代君权神授、君权天授的思想。当然，天文观测只有精确化才有意义，精确化就必须运用到三大原始科学中的数学，所以在中国古代，天文学和数学是不分的，古人以为天数一体。

人们在观测星象的同时，还有一些思考。从观象授时制度中，人们追求的是一种生养，是农业的生养，是农作物的生长。有了观象授时，提供了精确的时间，农业生产才有保障，这种逻辑关系是明确的。但如果人类都不存在了，追求农作物的生养还有意义吗？显然没有。所以祈求生养归根结底还是祈求人类自身的生养，即氏族的繁衍。这个观念使古人必须思考——我们自己是从哪里来的？这要求人们必须认识两性，有男有女，这就是阴阳思辨的基础。两性的认识并不难，这是人类本能的知识。但如果人们只认识到男女，那不是哲学，人们必须要把这个命题扩大。人类从哪里来，我们可以用男女来解释。如果把这个命题扩大到动物植物，人们需要认识雄雌，但这仍然不是哲学，人们最后一定会把这个命题扩大到追求万物的来源，乃至天地的来源，于是人们思辨出了阴阳。所以我们可以给阴阳下这样一个定义：阴阳实际是人们对万物生养原因的一般意义的解释，它是一种具有哲学意义、概括意义的解释。这样的思辨完成之后，阴阳就和观象授时所追求的农业生养的意义相通了。阴阳是生命乃至万物生养的基础，观象授时则是农业生养的基础，在这样一个祈生的层面，阴阳和观象授时是相同的，这就形成了中国古代的一个固有传统——用时间体系来表现阴阳。今天我们表现阴阳就用"阴""阳"两个字，而在文字产生之前，人们表现阴阳可以用很多具体的东西，比如用天、地，用日、月，用东、西，当然最理想的就是用时间。于是人们习惯于用历法来表现阴阳，用天文来表现阴阳。比如，四象于东、西、南都是三个单独的动物，而北边却放两个，不管是

□ 门里家风

后来的玄武还是早期的麒麟，都是两个，这反映了古人的阴阳观。古人认为北方是人文方位的起点，在空间决定时间的传统中，北方也就是时间的起点，于是在表示方位和时间的起点上要注入阴阳的观念。有了阴阳才能生养其他的时间、其他的方位乃至万物，所以一定要在北方放两个。而与北方相配的显然都是具有起始意义的，如北方配数字就配一，一是最基本的数字；配五行要配水，水是万物之源；配时间要配冬至，冬至是时间的起点。所有具有起点意义的东西都要配在北方，所以人们同时要在表示起点的方位上配以阴阳之象，借此来表现阴阳生万物的思想。